Katiga dan Pencegahan Bahaya Kebakaran

GATOT SOEDARTO

Katiga dan Pencegahan Bahaya Kebakaran, Gatot Soedarto,
Edisi 1, 2014

ISBN   : 149951543X

EAN13 : 9781499515435

Printed in U.S.A by CreateSpace Independent Publisher

DEDIKASI

Buku ini saya dedikasikan untuk bangsa, negara dan masyarakat Indonesia, dengan harapan semoga buku ini bermanfaat dalam rangka meningkatkan kesadaran Keselamatan dan Kesehatan kerja, demi menciptakan lingkungan kerja dan lingkungan kehidupan di mana saja yang aman dan sejahtera. Tidak lupa dedikasi untuk Battaillon Pompier – France's Navy / Marins Nationale dan France's Coast Guard serta Port Autonome de Marseille, yang telah melatih dan membekali saya dengan pengetahuan dan praktek Operasional SAR Laut, sehingga saya bisa mendokumentasikan keilmuan yang saya peroleh di dalam buku ini.

ISI BUKU

UCAPAN TERIMA KASIH

Buku ini merupakan revisi dan dari buku : Pencegahan dan Penanggulangan Bahaya Kebakaran, karangan penulis yang diterbitkan pada tahun 1983 di Jakarta oleh Penerbit Grafindo Utama bekerja sama dengan Yayasan K3/Katiga Depnaker R.I.

Ucapan terima kasih dan penghargaan yang tinggi penulis sampaikan kepada Menteri Tenaga Kerja dan Pimpinan Yayasan K3/Katiga Depnaker R.I yang telah bersedia menerbitkan buku untuk digunakan sebagai pedoman dalam rangka meningkatkan kesadaran masyarakat di bidang Keselamatan dan Kesehatan Kerja, dan Pencegahan Bahaya Kebakaran.

BAB 1

PENDAHULUAN

Keselamatan dan Kesehatan Kerja atau K3 (KATIGA) ialah segala usaha yang dilakukan untuk menjamin keselamatan dan kesehatan tenaga kerja, keselamatan dan keamanan peralatan / mesin serta keamanan dan kenyamanan lingkungan.

Di Indonesia masalah Katiga dijamin berdasarkan undang-undang. UUD 1945 pasal 27 ayat 2 menyatakan, bahwa setiap warga negara berhak atas pekerjaan dan penghidupan yang layak bagi kemanusiaan. Kata-kata " pekerjaan dan penghidupan yang layak bagi kemanusiaan " mengandung arti adanya jaminan keselamatan dan kesehatan bagi warga negara yang melakukan pekerjaan. Dengan demikian, suatu jenis pekerjaan yang mengandung resiko bahaya tidak boleh diabaikan begitu saja faktor-faktor yang diperlukan untuk menjamin keamanannya, melainkan harus disediakan alat dan perlengkapan yang diperlukan untuk memperkecil dan meniadakan resiko bahayanya.Pasal 27 ayat 2 UUD 1945 di atas dijabarkan ke dalam undang-undang No.14 tahun 1969 tentang Pokok-pokok Tenaga Kerja. Pasal 9 undang-undang tersebut menyatakan :

" Setiap tenaga kerja berhak mendapatkan perlindungan atas keselamatan, kesehatan, pemeliharaan moril kerja, serta perlakuan yang sesuai dengan martabat manusia dan moral agama . "

Sejak tahun 1970 masalah Katiga di Indonesia dilihat dari segi hukum menjadi semakin mantap dengan keluarnya undang-undang no.1 tahun 1970 tentang Keselamatan

Kerja. Perusahaan atau majikan tidak bisa berbuat sewenang-wenang terhadap karyawannya. Perusahaan atau majikan berkewajiban untuk memperlakukan karyawannya sesuai harkat kemanusian, selain berkaitan dengan besarnya upah yang diberikan, perusahaan atau majikan juga wajib mengeluarkan beaya-beaya yang diperlukan untuk mencegah terjadinya kecelakaan kerja, melengkapi perusahaannya dengan peralatan yang diperlukan untuk mencegah terjadinya bahaya kebakaran - termasuk melatih para pekerjanya dalam usaha-usaha pencegahan dan penanggulangan kebakaran - serta berupaya mencegah tejadinya penyakit akibat kerja.

Sebaliknya bagi karyawan atau pekerja yang terikat dengan penjanjian kerja, mereka tidak bisa berbuat semaunya sendiri, melainkan memiliki tanggung jawab untuk berbuat atau bertindak sesuatu aturan yang diberlakukan, wajib mematuhi aturan-aturan keselamatan kerja demi keselamatan dirinya sendiri dan juga keselamatan karyawan lainnya serta perusahaan, termasuk keselamatan lingkungan kerja dan juga lingkungan hidup sekitarnya.

Walaupun undang-undang no.1 tahun1970 itu berjudul Undang-undang Keselamatan Kerja, namun pasal-pasal di dalamnya mencakup masalah Kesehatan Kerja, sehingga undang-undang No.1 tahun 1970 itu yang digunakan sebagai pedoman pokok di Indonesia menyangkut masalah Katiga. Selain itu, permasalahaan Katiga sangat erat kaitannya dengan pengelolaan lingkungan hidup. Dan pada tahun 1984 disahkan undang-undang no.4 tentang Ketentuan-ketentuan Pokok Pengelolaan Lingkungan Hidup. Salah satu ketentuan pokok dalam pengelolaan lingkungan hidup berdasarkan undang-undang tersebut menyatakan : " Setiap orang berhak atas lingkungan hidup yang baik dan sehat, serta berkewajiban memelihara lingkungan hidup dan mencegah serta menanggulangi kerusakan dan pencemarannya."

Dengan demikian menjadi jelas, bahwa negara memberi jaminan keselamatan dan kesehatan kepada para pekerjanya, namun negara juga menuntut tanggung jawab dari tenaga kerja untuk melakukan usaha-usaha yang bertujuan demi terwujudnya keselamatan dan kesehatan bersama.

Sejarah dan falsafah KATIGA

Ada beberapa bukti sejarah yang telah ditemukan, bahwa sejak zaman sebelum tahun Masehi masalah keselamatan kerja sudah menjadi perhatian dari raja atau penguasa, dan juga merupakan hak bagi rakyat atau tenaga kerja.

Bukti sejarah yang ditemukan dari bekas kerajaan Babilonia-Mesir yang dikenal pernah jaya pada abad-17 sebelum Masehi, rajanya yang bernama Hamurabi mengeluarkan undang-undang yang berbunyi :

" Bila seorang ahli bangunan membuat rumah untuk seseorang.dan membuatnya tidak dilaksanakan dengan baik, sehingga rumah itu roboh, maka ahli bangunan itu harus dibinasakan. Dan apabila anak pemilik rumah menjadi korban sehingga meninggal, maka anak dari ahli bangunan itu harus dibunuh. Jika budak dari pemilik rumah itu yang meninggal, maka harus diganti dengan budak dari ahli bangunan itu. "

Ditemukan juga undang-undang yang ditulis pada abad-12 sebelum Masehi :

" Barang siapa membangun rumah baru dan menginginkan tidak timbul kecelakaan karena jatuh dari tempat yang tinggi, maka tiap ujung atap rumah yang sedang dibangun harus diberi pagar pengaman "

Seorang ahli hukum di zaman kerajaan Romawi Kuno, Plinius, pada abad-1 sebelum Masehi menulis bahwa untuk mencegah kecelakaan karena gas beracun, maka para pekerja di tambang-tambang diharuskan memakai tutup hidung atau masker.

Dalam tulisannya, Plinius juga mengingatkan tentang jenis-jenis pekerjaan dan tempat-tempat bekerja yang dapat menimbulkan penyakit bagi para pekerjanya (penyakit karena jabatan).

Kemudian pada tahun 1450 Masehi, Dominico Fontana yang mendapat tugas membangun obelisk di tengah-tengah lapangan St.Pieter di Roma mengharuskan para pekerjanya memakai pelindung kepala / helm seperti yang dipakai oleh para prajurit Roma, agar mereka tidak mengalami kecelakaan fatal bila kejatuhan benda-benda bangunan.

Dari bukti-bukti sejarah tersebut kita ketahui bahwa masalah Katiga sejak zaman dahulu sudah ada, bahkan sanksi hukum bagi pelanggarnya lebih berat, sehingga dalam melakukan pekerjaan bangunan misalnya, yang digunakan oleh publik, maka mereka yang mendapat tugas membangun akan melaksanakan tugasnya dengan sebaik-baiknya, dan tidak berani bekerja sembarangan. Bila mereka melakukan kesalahan sehingga menimbulkan korban bagi orang lain, maka akan mendapat sanksi hukum yang sepadan dengan penderitaan korbannya.

Tingkat kecelakaan kerja

Tingkat kecelakaan kerja di Indonesia termasuk tinggi, Menurut Guru Besar Tetap Bidang Ilmu Keselamatan Kerja Universitas Indonesia, Fatma Lestari, pada pidato pengukuhannya hari Rabu tanggal 15 Januari 2014, data statistik pada tahun 2012 menunjukkan telah terjadi 103.074 kecelakaan kerja, berarti rata-rata terjadi 382 kecelakaan kerja setiap harinya. Dari jumlah tersebut, 91,21 persen korban kecelakaan sembuh kembali, 3,8 persen mengalami cacat fungsi, 2,61 persen mengalami cacat sebagian, dan sisanya meninggal dunia (2.419 kasus) dan mengalami cacat total tetap (37 kasus).

Sebagai perbandingan, jumlah kecelakaan kerja yang menyebabkan kematian di Singapura relatif rendah. Pada tahun 2004 hanya terjadi 83 kasus, 2005 terjadi 71 kasus, 2006 terjadi 62 kasus, 2007 terjadi 63 kasus, dan tahun 2008 hanya terjadi 67 kasus.

Sedangkan data statistik kebakaran dari Dinas Pemadam Kebakaran dan Penanggulangan Bencana DKI Jakarta selama kurun waktu 10 tahun dari tahun 2003 – 2013 berada pada kisaran 708 kasus tiap tahunnya, terendah pada tahun 2010 dan tertinggi pada tahun 2012 mencapai angka 1039 kasus kebakaran. Perkiraan kerugian berkisar dari Rp.109.838.835.000,- pada tahun 2003, dan tertinggi Rp.298.450.580.000,- pada tahun 2012.

Sepanjang 2013 terjadi sejumlah 997 kebakaran di DKI Jakarta dengan perkiraan kerugian Rp. 254.546.600.000, kematian sejumlah 42 jiwa dan jumlah jiwa yang terkena dampak mencapai 20.861 jiwa.

"Penerapan Keselamatan di Indonesia saat kini perlu ditingkatkan, namun terdapat tantangan antara lain masih rendahnya kesadaran keselamatan sebagian besar masyarakat Indonesia, belum terintegrasinya manajemen keselamatan secara nasional, masing-masing sektor menggerakkan diri secara sektoral dan sporadis, keselamatan belum dianggap tanggung jawab bersama. Belum semua universitas memasukkan pendidikan keselamatan ke dalam kurikulum," (Fatma Lestari, Balai Sidang UI, Depok, Rabu 15 Januari 2014).

Bukan di Indonesia saja.

Pada bulan Maret tahun 2014 dunia dikejutkan dengan peristiwa hilangnya pesawat Malaysia Airlnes MH370, rute penerbangan Kuala Lumpur – Beijing, hilang dan tidak diketahui jejaknya setelah kontak terakhir 01.07 waktu setempat, hari Sabtu tanggal 8 Maret 2014. Pesawat tersebut membawa penumpang 227 orang dan 12 awak pesawat.

Setelah kejadian itu, kurang lebih dua minggu kemudian, hari Senin tanggal 24 Maret 2014, pesawat Malaysia Airlines MH066 jenis Airbus A330-300 dari Kuala Lumpur menuju Seoul, mendarat darurat di Hong Kong disebabkan karena kerusakan generatornya. Pesawat itu membawa 271 penumpang.

Rupanya kemalangan belum selesai, karena satu lagi pesawat Malaysia Airlines, pesawat MH192 rute Kuala Lumpur – Bangalore, India, setelah 3 jam penerbangan menuju Bangalore terpaksa kembali ke Bandara Internasional Kuala Lumpur. Pesawat lepas landas pada hari Minggu 20 April 2014 sekitar pukul 22.00, dan mendarat kembali di Kuala Lumpur jam 01.56 waktu setempat. Adapun penyebabnya adalah pecah ban, yang baru diketahui di tengah perjalanan, sehingga pesawat harus kembali ke tempat pemberangkatan semula. MH192 adalah pesawat jenis Boeing 737-800, dan saat itu membawa 166 penumpang.

Selain kejadian-kejadian tersebut, masih ada lagi peristiwa kecelakaan kerja yang mengakibatkan korban jiwa cukup besar, yaitu tenggelamnya kapal ferry Korea Selatan pada tanggal 16 April 2014. Kemudian kebakaran beruntun di Jakarta yang menimpa Pasar Senen pada tanggal 25 April 2014 dan Pasar Rumput pada tanggal 28 April 2014.

Banyak dan beruntunnya kejadian kecelakaan mendorong kita semua untuk lebih serius dalam menerapkan prinsip-prinsip dan manajemen keselamatan kerja, serta upaya-upaya pencegahan bahaya kebakaran.

BAB 2

KECELAKAAN KERJA

Kecelakaan, secara umum dapat diartikan sebagai suatu kejadian yang tidak terduga, yang dapat berakibat mengacaukan suatu proses kegiatan yang telah direncanakan. Dalam suatu kecelakaan, unsur ' tidak terduga ' adalah mutlak. Sebab bila kejadian kecelakaan itu sudah dapat diduga sebelumnya, berarti sudah ada unsur-unsur kesengajaan. Dalam hal ini masalahnya sudah bukan kecelakaan lagi, melainkan sudah menyangkut tindak pidana.

Teori Kecelakaan Kerja

Walaupun kecelakaan adalah suatu kejadian yang tidak terduga, namun selalu ada sebab-sebab yang mendahului terjadinya kecelakaan. Teori kecelakaan kerja berdasarkan suatu prinsip bahwa setiap kecelakaan kerja yang terjadi di mana saja, dapat ditelisik sebab-sebab yang mendahuluinya dari dua faktor pokok, yaitu *faktor dari luar* dan *faktor dari dalam*.

Faktor dari luar, adalah faktor tidak terduga disebabkan terjadinya bencana alam, misalnya gempa bumi, banjir, badai, dan sebagainya. Faktor dari luar lainnya adalah perbuatan atau tindakan disengaja oleh pihak lain yang memiliki tujuan tertentu, misalnya sabotase dan tindakan terkait dengan terorisme.

Sedangkan *faktor dari dalam*, pada umumnya disebabkan oleh dua hal, yaitu :

1. Adanya Kondisi Yang Berbahaya (Unsafe Condition).

2. Adanya Perbuatan Yang Berbahaya (Unsafe Action).

Yang dimaksud dengan Kondisi Yang Berbahaya (Unsafe Condition), ialah adanya suatu keadaan lingkungan dan benda-benda di dalamnya yang mengandung bahaya. Misalnya suatu tempat bekerja misalnya berupa pabrik, kapal laut, pesawat udara, bengkel, galangan kapal, dimana peralatan maupun mesin-mesin yang digunakan kondisinya sudah tua dan kurang perawatan. Atau misalnya suatu lingkungan kerja / perusahaan, kantor, dsbnya, dimana instalasi listrik / kabel-kabelnya tidak terawat dengan baik.

Sedangkan yang dimaksud dengan Perbuatan Yang Berbahaya (Unsafe Action), ialah perbuatan atau tindakan dari manusia / tenaga kerja yang mengandung bahaya. Misalnya, tenaga kerja melakukan kegiatan dalam pekerjaannya dengan tidak mentaati prosedur kerja, bekerja terburu-buru tanpa menggunakan alat pengaman yang diharuskan, overacting dalam melakukan suatu kegiatan, dsbnya.

Unsafe Action (www.caw4304.ca)

Dari ke dua faktor pokok di atas tadi, penyebab paling dominan dari terjadinya suatu kecelakaan adalah adanya Perbuatan Yang Berbahaya (Unsafe Action). Berdasarkan hasil survey dan juga dari berbagai pengalaman, dapat dikatakan bahwa :

80 % Kecelakaan Kerja disebabkan oleh adanya Perbuatan Yang Berbahaya.

20 % disebabkan oleh adanya Kondisi Yang Berbahaya.

Hal tersebut di atas tentunya agak mengherankan, mengingat setiap manusia yang berada dalam kondisi sehat dan normal pasti tidak menginginkan dirinya tertimpa malapetaka atau kecelakaan, namun mengapa justru 80 % dari suatu kecekakaan kerja disebabkan karena faktor manusianya / human error ? Untuk menjawab pertanyaan ini kita perlu mendalami lebih lanjut apa yang dimaksud dengan Kondisi Yang Berbahaya (Unsafe Condition) dan Perbuatan Yang Berbahaya (Unsafe Action).

Kondisi Berbahaya (Unsafe Condition)

Unsafe Condition, kondisi tidak aman atau kondisi berbahaya adalah suatu keadaan lingkungan kerja dan keadaan benda-benda yang berada di dalamnya mengandung bahaya. Banyak contoh-contohnya, misalnya suatu keadaan tempat bekerja baik berupa suatu pabrik atau perusahaan, kapal laut, pesawat udara, galangan kapal, bengkel mesin dsbnya dimana sebagian besar kondisi peralatan yang digunakan sudah tua dan kurang perawatan. Suatu ruangan instalasi listrik dimana banyak kabel-kabelnya yang mengelupas dan kurang perawatan. Atau misalnya suatu gudang sekaligus tempat bekerja yang pengaturannya acak-acakan, misalnya terdapat bahan-bahan mudah terbakar berdekatan dengan tempat sumber api misalnya pengelasan, dan sebagainya.

Kondisi berbahaya dari suatu lingkungan kerja menunjukkan manajerial yang tidak baik, adapun sebab-sebabnya antara lain : kurangnya pengawasan dan kontrol dari pemilik, dana yang tidak mencukupi untuk melakukan prosedur perawatan yang diharuskan, bisa jadi dana yang disediakan lebih dari cukup namun sebagian dana tersebut tidak mencapai sasaran yang diharapkan karena adanya penyelewengan dari penyelenggaranya.

Oleh sebab itu untuk meniadakan atau mengurangi Kondisi Berbahaya dari suatu lingkungan kerja, hal yang perlu diperhatikan adalah menyangkut aspek-aspek manajerial, khususnya berkaitan dengan fungsi pengawasan dan kontrol.

Unsafe Condition (www.safetyfirst.ca)

Terlaksananya pengawasan dan kontrol yang baik bukan hanya dapat mengurangi keadaan Kondisi Berbahaya, melainkan juga bisa mendeteksi sedini mungkin kemungkinan adanya unsur-unsur Perbuatan Berbahaya, sehingga usaha-usaha pencegahan kecelakaan kerja dapat dilakukan secara cepat dan tepat.

Perbuatan Berbahaya (Unsafe Action)

Unsafe Action, perbuatan tidak aman atau perbuatan berbahaya ialah adanya perbuatan atau tindakan dari manusia / tenaga kerja yang mengandung bahaya. Misalnya seseorang yang melakukan kegiatan dalam pekerjaan sesuai yang menjadi tanggung jawabnya, namun dalam melaksanakan kegiatannya itu dia tidak mentaati prosedur yang diharuskan. Misalnya bekerja tidak hati-hati sehingga lupa memasang alat pengaman dari suatu mesin atau peralatan, bekerja dengan tidak memakai alat pelindung tubuh sesuai yang diharuskan, dan sebagainya.

Unsafe Action (safetyrisk.net)

Kita ketahui bahwa 80 % dari suatu kecelakaan kerja disebabkan karena faktor manusianya dan hanya 20 %

disebabkan faktor lingkungan / peralatan. Kita perlu mengetahui, perilaku atau sebab-sebab seseorang / tenaga kerja melakukan perbuatan berbahaya. Berdasarkan penelitian yang pernah dilakukan diketahui adanya beberapa faktor yang mempengaruhi terjadinya Perbuatan Berbahaya (Unsafe Action). Faktor-faktor tersebut, ialah :

1. Karena kurang pengetahuan dan ketrampilan (Lack of knowledge and skill). Hal ini umumnya disebabkan karena kurangnya pelatihan / drill (Lack of training).

2. Karena keletihan dan kelesuan (Fatique and bordom). Suatu keadaan keletihan dan kelesuan dapat juga disebabkan karena over training, yaitu kondisi dimana terlalu banyak atau berlehihan dalam latihan / drill. Lack of training sering menjadi penyebab dari suatu kecelakaan kerja, namun over training juga bisa menjadi penyebabnya.

3. Adanya cacat tubuh yang tidak kentara.

4. Karena ambisi yang berlebihan.

5. Karena sikap pribadi yang berbahaya, antara lain : merasa super dan ingin dipuji, overacting, overconfident, ego-apatis dan panikan.

Overconfident atau terlalu percaya diri sering merupakan penyebab dari terjadinya kecelakaan yang menimpa suatu kapal laut dan pesawat terbang (overconfident dari nakhoda atau pilotnya).

Kerugian akibat kecelakaan kerja.

Setiap kejadian kecelakaan kerja membawa akibat kerugian bagi perusahaan atau instansi yang bersangkutan. Nilai dari kerugian itu ada yang bisa diperhitungkan secara langsung, namun ada pula yang tidak bisa diperhitungkan secara langsung.

Nilai kerugian langsung antara lain : beaya perawatan dan pengobatan penderita, beaya perbaikan atau pengadaan baru peralatan yang rusak, tunjangan khusus untuk penderita, premi asuransi kecelakaan, nilai produksi yang hilang akibat terhentinya proses kerja.

Sedangkan nilai-nilai kerugian tidak langsung :

1. Nilai ketrampilan / skill yang hilang atau berkurang.

2. Waktu dan beaya yang diperlukan untuk melatih pekerja baru.

3. Beaya yang dikeluarkan sehubungan dengan jam kerja yang hilang yang menyebabkan keterlambatan proses produksi / jasa, termasuk beaya lembur yang harus diadakan.

4. Upah keluaran menurun bagi pekerja yang cacat.

5. Beaya pengawas dan administrasi.

6. Menurunnya mutu produksi / jasa, yang bisa berakibat berkurangnya kepercayaan.

Nilai-nilai kerugian tidak langsung yang disebutkan di atas merupakan beaya-beaya yang sulit dihitung secara tepat. Namun berdasarkan pengalaman dan sering digunakan sebagai patokan, bahwa besarnya nilai kerugian tidak langsung rata-rata adalah 4 x jumlah nilai kerugian langsung.

Disamping kerugian yang ditanggung oleh perusahaan, tidak bisa diabaikan nilai kerugian yang ditanggung oleh pihak keluarga / penderita :

1. Beaya Perawatan. Walaupun beaya perawatan dan pengobatan ditanggung oleh perusahaan / instansi yang bersangkutan, beaya perawatan lain-lain pasti ada dan merupakan beban bagi pihak keluarga / penderita.

2. Penghasilan pihak keluarga / penderita menjadi berkurang, khususnya bila penderita mengalami cacat.

3. Bila korban meninggal, maka penderitaan pihak keluarga semakin besar.

Disamping itu masih ada kerugian yang ditanggung oleh masyarakat luas, dan di antara kerugian itu bisa menyebabkan beberapa atau banyak orang kehilangan mata pencaharian. Misalnya terjadinya kecelakaan berupa tabrakan kendaraan bermotor yang juga menabrak kios-kios di pinggir jalan, tabrakan kereta api dengan mobil, jembatan runtuh, tanggul jebol, dan sebagainya.

Dengan demikian menjadi jelas, bahwa suatu kecelakaan kerja tidak saja merugikan perusahaan / instansi yang bersangkutan secara ekonomis, namun juga kerugian yang bersifat sosial.

Peristiwa kecelakaan kereta komuter line versus truk tangki Bahan Bakar Minyak (BBM) di Bintaro, Senin, (09/12/2013)-nusaonline.com

BAB 3

KESELAMATAN KERJA

Ketentuan pokok mengenai Keselamatan Kerja diatur dalam Undang-undang Nomor 1 tahun 1970 tentang Keselamatan Kerja yang disahkan di Jakarta pada tanggal 12 Januari 1970. Undang-undang Keselamatan Kerja tersebut terdiri dari 11 Bab dan 18 Pasal.

Bab 1 adalah tentang istilah-istilah, misalnya apa yang dimaksud dengan tempat kerja, pengurus, pengusaha, direktur, pegawai pengawas, dan ahli keselamatan kerja,

Bab 2 berisi ruang lingkup dari undang-undang, yaitu Keselamatan Kerja dalam segala tempat kerja, baik di darat, di dalam tanah, di permukaan air, di dalam air maupun di udara, yang berada di dalam wilayah kekuasaan hukum Republik Indonesia.

Bab 3 mengatur tentang syarat-syarat keselamatan kerja, antara lain untuk mencegah dan mengurangi kecelakaan, mencegah-mengurangi-dan

memadamkan kebakaran, memberi pertolongan pada kecelakaan, memberi alat-alat pelindungan diri kepada para pekerja, dan sebagainya, yang secara lebih rinci akan ditetapkan dengan peraturan perundang-undangan.

Bab 4 mengatur tentang Pengawasan, antara lain tentang wewenang, tugas-tugas dan kewajiban direktur, pegawai pengawas dan ahli keselamatan kerja, serta kewajiban dari pengurus (pemilik atau pengelola / pemimpin di tempat kerja).

Bab 5 tentang Pembinaan, berisi tugas dan kewajiban pengurus dalam melakukan pembinaan terhadap tenaga kerja dalam rangka melaksanakan upaya-upaya keselamatan kerja di lingkungan tempat kerjanya.

Bab 6 tentang Panitia Pembina Keselamatan dan Kesehatan Kerja (P2K3). Pembentukn P2K3 adalah wewenang Menteri Tenaga Kerja, dan tentang susunan P2K3, tugas-tugas dan lain-lainnya ditetapkan oleh Menteri Tenaga Kerja.

Bab 7 tentang Kecelakaan, dan berisi kewajiban pengurus bila terjadi kecelakaan di tempat kerja yang dipimpinnya.

Bab 8 mengenai Kewajiban dan Hak Tenaga Kerja, antara lain misalnya tenaga kerja harus memakai alat-alat perlindungan diri yang diwajibkan, dan wajib mentaati semua syarat-syarat keselamatan kerja yang diwajibkan.

Bab 9 tentang kewajiban bila memasuki tempat kerja, bahwa barang siapa akan memasuki suatu tempat kerja, diwajibkan mentaati semua petunjuk keselamatan kerja dan memakai alat-alat perlindungan diri yang diwajibkan.

Bab 10 tentang Kewajiban Pengurus, dan Bab 11 tentang Ketentuan-ketentuan Penutup.

Kutipan pasal-pasal penting dari Undang-undang nomor 1 tahun 1970 tentang Keselamatan Kerja dapat dibaca di bagian akhir dari buku ini (Lampiran).

Panitia Pembina Katiga

Panitia pembina Katiga atau P2K3 diamanatkan oleh Undang-undang Nomor 1 Tahun 1970 tentang Keselamatan Kerja, di mana wewenang pembentukannya diserahkan kepada Menteri Tenaga Kerja. Tujuan pembentukan Panitia Pembina Katiga adalah untuk mengembangkan kerjasama di bidang Keselamatan dan Kesehatan kerja dalam rangka memperlancar usaha produksi. Terkait dengan hal tersebut pada tahun 1984 telah dikeluarkan Kepmenaker No.155/Men/1984 tentang Tugas, Fungsi, dan Mekanisme Kerja P2K3 dan Dewan Keselamatan dan Kesehatan Kerja. Dan pada tahun 1987 dikeluarkan Permenaker No.PER-04/1987 tentang P2K3 serta Tata Cara Penunjukan Ahli K3.

Berdasarkan Permenaker tersebut di atas dinyatakan antara lain bahwa keanggotaan Panitia Pembina Katiga terdiri dari unsur perusahaan dan pekerja, yang susunannya terdiri dari Ketua, Sekretaris dan Anggota. Sekretaris Panitia Pembina Katiga ialah Ahli Keselamatan Kerja dari perusahaan yang bersangkutan. Ketua Panitia Pembina Katiga dapat dijabat oleh pimpinan perusahaan atau salah satu pengurus yang ditunjuk. Dan tugas pokok dari Panitia Pembina Katiga ialah memberikan saran dan pertimbangan baik diminta maupun tidak kepada pengusaha atau pengurus mengenai masalah Keselamatan dan Kesehatan Kerja di lingkungan perusahaan.

Terkait dengan keberadaan Panitia Pembina Katiga di setiap perusahaan atau industri-industri, maka setiap pemilik atau pengelola perusahaan dapat memanfaatkannya seefektif mungkin, disesuaikan dengan besar-kecilnya perusahaan, jumlah seluruh pekerja yang berada di bawah pimpinannya, dan resiko bahaya yang ada di perusahaan atau industri yang dikelolanya. Sebagai contoh, industri galangan kapal / pabrik kapal dan pesawat terbang kemungkinan memiliki potensi bahaya kecelakaan kerja lebih besar dibandingkan dengan industri / jasa konstruksi. Oleh karenanya personel-personel yang ditunjuk menjadi sekretaris atau anggota Panitia Pembina Katiga di industri-industri tersebut harus benar-benar mumpuni, baik dari segi skill maupun pengalamannya.

Memberdayakan keberadaan Panitia Pembina Katiga merupakan satu langkah yang harus ditempuh untuk meningkatkan produkrivitas kerja dari perusahaan. Kita tidak pernah tahu bahwa setiap saat bisa terjadi kecelakaan kerja, baik yang menimpa pekerja maupun bahaya kebakaran yang bisa memusnahkan semua aset bangunan, instalasi, dan harta benda berharga lainnya. Lebih baik sedia payung sebelum hujan, karena setiap kecelakaan kerja mengakibatkan kerugian-kerugian langsung maupun tidak langsung, yang kadang-kadang sulit diperhitungkan dengan angka-angka.

BAB 4

PENGETAHUAN TENTANG API

Bahaya Kebakaran

Pepatah lama yang berbunyi ' Kecil menjadi kawan, besar menjadi lawan ' adalah suatu pepatah yang bermaksud mengingatkan kita terhadap bahaya yang disebabkan oleh api. Namun perlu diingat, bahwa tidak setiap api kecil dapat menjadi kawan, dan tidak setiap api besar menjadi lawan. Walaupun api kecil tapi nyalanya tidak terkendali, maka bisa menimbulkan bahaya kebakaran. Sebaliknya walaupun api besar namun nyalanya terkendali, maka tetap menjadi kawan, misalnya api besar yang digunakan untuk pemanasan di pabrik-pabrik pengolahan logam, pabrik batu bata dan pabrik bahan-bahan keramik.

Kebakaran besar di Pasar Senen, Jakarta, 25 April 2014, menghanguskan ribuan kios (Foto:Media Indonesia)

Oleh karenanya ancaman bahaya yang ditimbulkan oleh api tergantung dari terkendali atau tidak terkendalinya api yang menyala. Sehingga istilah ' Bahaya Kebakaran ' bisa didefinisikan sebagai suatu bahaya yang ditimbulkan oleh adanya nyala api yang tidak terkendali. Adanya nyala api yang tidak terkendali, walaupun kelihatannya kecil dan sepele misalnya api yang berasal dari puntung rokok, tetap saja berbahaya karena dapat mengancam keselamatan jiwa maupun harta benda.

Pencegahan Bahaya Kebakaran

Berdasarkan definisi tentang bahaya kebakaran di atas, maka Pencegahan Bahaya Kebakaran berarti segala usaha yang dilakukan agar tidak terjadi ' penyalaan api tidak terkendali '. Kalimat tersebut mengandung dua pengertian : pertama, penyalaan api belum ada dan diusahakan agar tidak terjadi penyalaan api. Hal ini dilakukan pada tempat-tempat tertentu, misalnya di tempat-tempat penjualan bahan bakar, di gudang-gudang tempat penyimpanan bahan-bahan yang mudah terbakar, dan sebagainya. Kedua, penyalaan api sudah ada karena digunakan untuk tujuan tertentu, dan diusahakan jangan sampai penyalaan api tersebut berkembang menjadi tak terkendali. Tindakan pencegahan yang dilakukan misalnya dengan menjauhkan bahan-bahan yang mudah terbakar dari tempat tersebut, menyiapkan alat-alat pemadam api, dan sebagainya.

Penanggulangan Bahaya Kebakaran

Penanggulangan bahaya kebakaran mengandung arti lebih luas. Dalam hal ini peristiwa kebakaran sudah terjadi, sehingga menimbulkan bahaya yang mengancam keselamatan jiwa maupun harta benda. Maka selain tindakan pengendalian atau pemadaman api, diperlukan tindakan-tindakan lain untuk mencegah kerugian dan korban yang lebih besar. Misalnya tindakan penyelamatan harta-benda dan dokumen-dokumen penting, pertolongan pertama kepada korban yang menderita luka bakar, pengamanan lokasi kebakaran untuk mencegah terjadinya pencurian atau penjarahan, dan sebagainya.

Tindakan Awal

Pada setiap kejadian kebakaran, maka tindakan awal dari orang-orang yang mengetahui peristiwa tersebut, adalah sangat penting dan menentukan, karena pada saat itu api masih kecil dan relatif mudah dikendalikan, kecuali jika kejadiannya disebabkan karena ledakan yang langsung menimbulkan api besar.

Tindakan awal haruslah cepat dan tepat. Keterlambatan bertindak maupun kekeliruan pada tindakan awal dapat mengakibatkan hal-hal yang fatal. Hal ini sering terjadi, karena pada umumnya menghadapi bahaya api orang mudah menjadi panik, sehingga kadang-kadang tidak tahu apa yang seharusnya dilakukan.

Untuk dapat bertindak secara cepat dan tepat, diperlukan pengetahuan tentang cara-cara pemadaman api yang benar. Api akan padam bila disiram dengan air, namun tidak semua kebakaran lalu disemprot dengan air. Misalnya api tidak terkendali yang bersumber dari minyak yang terbakar, itu bila disemprot dengan air, maka apinya akan ' meloncat ' ke mana-mana dan bisa menimbulkan kebakaran pada area yang lebih luas. Contoh lain, api tidak terkendali berasal dari mesin yang terbakar, itu bila disemprot dengan air maka apinya bisa padam, namun mesin dan peralatan lainnya akan lebih fatal lagi kerusakannya.

Pertama kali yang perlu diketahui adalah pengetahuan tentang api dan sifat-sifatnya. Dengan mengenal api secara baik, maka akan tahu cara-cara pengendaliannya, sehingga dapat mengatasi rasa panik dan dapat melakukan pemadaman api secara tepat.

Api dan unsur-unsurnya

Penyalaan api yang sederhana dapat dilihat pada korek api gas / bensin. Bila korek api tersebut tidak ada gas atau bensinnya, maka korek api tersebut tidak bisa dinyalakan. Dari sini bisa diketahui unsur pertama untuk membuat api adalah gas / bensin atau Bahan Bakar. Korek api tersebut walaupun sudah ada gas / bensinnya tapi tidak ada loncatan bunga api yang berasal dari gesekan roda dan batu api, maka korek juga tidak bisa dinyalakan. Loncatan bunga api tersebut adalah energi panas. Dengan demikian unsur ke dua yang diperlukan untuk membuat api adalah energi panas.

Dari dua unsur : bahan bakar dan energi panas itu saja belum dapat menimbulkan nyala api. Diperlukan unsur ke tiga yaitu oksigen yang terkandung di udara bebas. Hal ini dapat dibuktikan dengan cara menaruh lilin menyala di suatu tempat, kemudian lilin menyala itu ditutup dengan gelas. Maka dalam waktu tidak lama lilin tersebut akan padam. Adapun sebabnya adalah karena lilin menyala yang berada di dalam gelas tersebut kekurangan oksigen.

Dari pembahasan di atas dapat diketahui bahwa nyala api terjadi dari tiga unsur pembentuknya, yaitu Bahan Bakar, Energi Panas, dan Oksigen. Oleh sebab itu untuk menjawab pertanyaan apakah api itu sebenarnya ? Jawabannya ialah bahwa api adalah suatu reaksi berantai yang berjalan secara cepat, seimbang, dan kontinyu antara tiga unsur : Bahan Bakar, Energi Panas, dan Oksigen.

Bila salah satu unsur tidak ada atau kadarnya berkurang, maka tidak bisa terjadi nyala api. Sebagai contoh, bahwa api bisa menyala apabila kadar Oksigen di udara bebas lebih besar dari 12 %. Bila kadar Oksigen di suatu tempat / ruangan kurang dari 12 %, maka tidak bisa terjadi nyala api.

Hubungan antara nyala api dengan kadar Oksigen di udara bebas tersebut biasa digunakan oleh para pekerja tambang tradisional atau para penjelajah goa-goa. Mereka biasa membawa obor atau lampu minyak. Bila suatu saat nyala apinya padam, maka mereka harus cepat-cepat menjauh dari tempat tersebut, karena diduga kuat di tempat tersebut kadar oksigennya berkurang, dan hal tersebut juga berbahaya bagi manusia karena dapat mengakibatkan lemas, pingsan, dan meninggal.

Bahan Mudah Terbakar

Pada umumnya semua benda di alam dapat dibakar. Diantara bahan-bahan itu ada yang lebih mudah dibakar, dan ada yang sulit dibakar. Hal tersebut disebabkan karena masing-masing bahan memiliki Titik Nyala yang berbeda-beda. Yang dimaksud dengan Titik Nyala (Flash Point) ialah suatu temperatur terendah dari suatu bahan untuk dapat berubah menjadi uap, dan akan menyala bila tersentuh api.

Makin rendah Titik Nyala suatu bahan, maka bahan tersebut makin mudah dibakar. Sebaliknya semakin tinggi titik nyalanya, maka bahan tersebut semakin sulit dibakar.

Dan bahan-bahan yang titik nyalanya rendah digolongkan sebagai bahan yang mudah terbakar, contoh-contohnya antara lain :

Benda Padat :   Kayu, kertas, karet, tekstil.

Benda Cair :   Avtur, bensin, minyak tanah, spiritus, solar, oli.

Benda Gas: Acetilin, Butane, LNG.

Sumber Panas

Energi panas adalah salah satu penyebab timbulnya kebakaran. Disebabkan karena pemanasan, maka suatu bahan mengalami perubahan temperatur, sehingga mencapai titik nyala. Bahan yang telah mencapai titik nyala mudah sekali terbakar.

Sumber panas yang dapat menyebabkan kebakaran antara lain :   Sinar matahari, Listrik, Reaksi Kimia, Energi Mekanik, Petir / halilintar, reaksi Nuklir, dan Kompresi Udara.

Pemanasan langsung oleh sinar matahari bisa menimbulkan kebakaran hutan, dan dapat menyebabkan ledakan dari bahan-bahan yang mudah meledak.

Panas yang berasal dari listrik biasanya terjadi karena hubungan singkat atau kortsleting. Hal ini sering menjadi penyebab kebakaran di kota-kota besar, khususnya di pemukiman penduduk yang padat bangunan, kebakaran pasar, maupun kebakaran di kawasan industri.

Sedangkan panas yang berasal dari energy mekanik berasal dari gesekan atau benturan antara benda-benda. Akibat dari gesekan dan benturan, yang terjadi adalah loncatan bunga api yang kemudian dapat menimbulkan kebakaran. Kebakaran yang berasal dari energy mekanik sering terjadi di pabrik-pabrik, di kamar mesin kapal laut, pesawat udara, dan juga kebakaran yang terjadi di kendaraan bermotor, mobil dan bus.

Perpindahan Panas

Energi panas dapat berpindah melalui empat cara, yaitu :

Radiasi : adalah perpindahan panas yang memancar ke segala arah.

Konduksi : adalah perpindahan panas melalui benda / perambatan panas.

Konveksi : adalah perpindahan panas yang menyebabkan perbedaan tekanan udara.

Loncatan bunga api : adalah reaksi antara energi panas dengan udara / oksigen.

Oksigen (O2)

Oksigen adalah salah satu unsur pembentuk nyala api (Flame). Bila kita melihat di suatu tempat ada nyala api, hal tersebut dapat digunakan sebagai patokan bahwa area sekitar nyala api itu terdapat oksigen dalam kadar yang cukup, sehingga bisa mengaktifkan pembakaran

Oksigen atau gas O2 terdapat di udara bebas. Dalam keadaan normal, prosentase oksigen di udara bebas adalah 21 %. Prosentase oksigen tersebut dapat berubah tergantung keadaan cuaca. Dan oksigen pada dasarnya adalah suatu gas pembakar, oleh karenanya kadar oksigen di udara bebas sangat menentukan keaktifan pembakaran.

Suatu tempat dinyatakan masih mempunyai keaktifan pembakaran bila kadar oksigennya lebih dari 15 %. Sedangkan keaktifan pembakaran = 0 bila kadar oksigennya kurang dari 12 %, pada kondisi ini tidak bisa terjadi nyala api (flame).

Hal tersebut di atas digunakan sebagai patokan dalam tehnik pemadaman kebakaran, yang sering disebut sebagai tehnik Isolasi. Tehnik Isolasi ini pada prinsipnya adalah mencegah nyala api bereaksi dengan oksigen atau berusaha menurunkan kadar keaktifan pembakaran,

Banyak contoh-contohnya, antara lain pemadaman kompor yang terbakar dengan cara menutupi kompor tersebut dengan karung / handuk bekas yang sudah dibasahi air. Pemadaman minyak terbakar dengan air, namun air semprotan dibuat sedemikian rupa sehingga pancaran air jatuh seperti air hujan dan mengurung tempat penampungan minyak yang terbakar. Dengan ' dikurung ' oleh ' air hujan ' maka nyala api makin lama akan makin mengecil, dan akhirnya padam, karena terisolasi dari udara bebas / oksigen.

Pemadaman dengan cara isolasi disiapkan dalam bentuk alat-alat pemadam kebakaran, antara lain yang banyak digunakan ialah alat pemadam Busa dan alat pemadam Bubuk Kimia Kering (Dry Powder). Fungsi busa maupun bubuk kimia kering pada dasarnya adalah untuk mengisolasi benda / sumber kebakaran agar tidak bereaksi dengan oksigen.

Pembakaran

Pengertian ' pembakaran ' secara umum, ialah peristiwa terbakarnya suatu benda - atau terjadinya reaksi dengan api - sehingga menimbulkan nyala api (flame), panas (heat), dan asap (smoke). Namun sebenarnya yang dimaksud ' pembakaran ' bukan hanya terjadinya peristiwa yang menimbulkan nyala api saja. Dalam sains, yang dimaksud dengan ' pembakaran ' atau ' combustion ' adalah dua macam peristiwa reaksi, yaitu :

- **Reaksi Oksidasi,** yaitu terjadinya reaksi antara suatu benda dengan oksigen di udara bebas. Pada peristiwa oksidasi biasa, panas yang dhasilkan sangat kecil dan kuantitasnya dapat dikatakan tetap. Bila peristiwa oksidasi berjalan lebih cepat, maka kuantitas panas menjadi lebih tinggi dan pada benda tersebut bisa timbul semacam uap tipis, dan benda tersebut dapat berpijar.

- **Reaksi Eksotermal,** yaitu terjadinya suatu reaksi antara dua bahan atau lebih, yang masing-masing memiliki sifat-sifat sebagai bahan pembakar dan bahan yang mudah terbakar, dan menghasilkan panas disertai dengan cahaya atau nyala api. Reaksi eksotermal adalah suatu reaksi yang cepat sekali perubahannya atau kuantitas panas naik dengan cepat.

Reaksi Oksidasi sering pula disebut sebagai suatu reaksi yang berjalan lambat atau ' slow combustion ', sedangkan reaksi eksotermal sering disebut sebagai reaksi pembakaran cepat, atau ' rapid combustion.

Reaksi pembakaran cepat

Reaksi pembakaran cepat yang dapat menimbulkan kebakaran dibedakan dalam empat tipe :

- **Pembakaran biasa**, pada peristiwa ini kecepatan reaksi pembakaran berjalan normal, sehingga nyala api yang dihasilkan tiap detiknya bergerak antara 1 - 2 meter, atau kurang dari itu.

- **Pembakaran cepat,** pada peristiwa ini kecepatan reaksi pembakaran berjalan sangat cepat, tetapi belum melebihi kecepatan suara (20 meter per detik).

- **Pembakaran seketika atau ledakan,** pada peristiwa ini kecepatan reaksi pembakaran sudah melebihi kecepatan suara, dan kecepatannya dapat mencapai 2000 meter per detiknya (Ledakan).

- **Ledakan sangat cepat,** yaitu jika kecepatan reaksi pembakaran mencapai sekitar 10.000 meter per detiknya.

Reaksi Panas

Reaksi panas adalah suatu reaksi kimia yang proses terjadinya berhubungan dengan panas, baik menghasilkan panas atau sebaliknya membutuhkan panas.

Reaksi panas ada 2 macam :

- Reaksi Exothermal, yaitu suatu reaksi kimia yang menghasilkan panas.

Contohnya : $C + O_2 = CO_2 - 94030$ cal.

- Reaksi Endothermal, yaitu reaksi kimia yang menyerap panas.

Contohnya : $2H_2O = 2H_2 + 136800$ cal.

Dua macam reaksi panas di atas dapat menjelaskan proses kimia dalam teori pemadaman kebakaran.

Contoh pertama adalah pemadaman kebakaran dengan bahan pemadam CO2

$$CO2 = C + O2 + 94030 \text{ cal}$$

Artinya, bahwa satu molekul CO2 berurai menjadi unsur-unsur C dan O2 dengan menyerap panas sebesar 94030 kalori.

Contoh ke dua, pemadaman kebakaran dengan bahan pemadam air.

$$2H2O = 2H2 + O2 + 136800 \text{ cal}$$

Artinya, dua molekul air berurai menjadi unsur-unsur H2 dan O2 dengan menyerap panas sebesar 136800 kalori.

Titik Nyala (Flash Point)

Titik nyala adalah temperatur terendah dari suatu bahan untuk dapat berubah bentuk menjadi uap, dan bila bercampur dengan udara dapat menjadi campuran yang mudah menyala. Semakin rendah titik nyala dari suatu bahan, maka bahan itu semakin mudah terbakar. Sebaliknya semakin tinggi titik nyala suatu bahan, maka bahan tersebut semakin sulit terbakar.

Contoh titik nyala beberapa bahan :

Bensin   = - 50 derajat Celsius.

Minyak tanah = + 71 derajat Celsius.

Solar   = + 90 derajat Celsius.

Titik Bakar (Combustion Point)

Titik bakar adalah temperatur terendah dari suatu bahan, di mana uapnya yang bercampur dengan udara dapat terbakar. Pada umumnya besarnya titik bakar dihitung 3 derajat C di atas titik nyala.

Daya Panas

Daya panas dari api diukur dengan satuan pengukuran yang disebut Kalori / Calori. *Satu gram kalori atau ' 1 cal ' adalah besarnya daya panas yang diperlukan untuk menaikkan temperatur satu gram air dari 14,5 derajat Celsius ke 15,5 derajat Celsius pada temperatur udara normal.*

1 Kg Kalori : sama dengan definisi di atas untuk 1 kg air.

1 Thermal Unit : sama dengan definisi di atas untuk 1 ton air.

Dalam dunia industri ukuran yang dipakai pada umumnya adalah *Thermal Unit.* Namun ukuran daya panas yang disepakati oleh dunia internasional sekarang Joule, di mana :

1 Kalori = 4,185 Joule.

1 Joule   = 0,24 Kalori.

Satuan pengukuran daya panas juga digunakan untuk mengukur daya panas yang terkandung di dalam suatu bahan. Dalam hal ini tergantung dari jenis bahannya, untuk bahan padat dan cair, diukur setiap 1 kilogram bahan yang terbakar. Sedangkan untuk bahan bakar gas, diukur tiap meter kubik gas yang terbakar.

Satuan pengukurannya :

1 Kcal /Kg : adalah daya panas (power) yang ditimbulkan oleh pembakaran 1 kg bahan padat atau cair. (Kcal = Kilo kalori).

1 Kcal/Cu.M : adalah daya panas (power) yang ditimbulkan oleh pembakaran 1 meter kubik bahan gas. (Cu.M = Meter Kubik).

Daya panas beberapa bahan

- Hydrogen : 3.000 Kcal/Cu.M
- Carbon Oxyda : 3.000 Kcal/Cu.M.
- Town Gas : 4.200 Kcal/Cu.M
- Acetylene : 14.000 Kcal/Cu.M
- Propane : 24.000 Kcal/Cu.M
- Butane : 32.000 Kcal/Cu.M
- Minyak mentah : 10.000 Kcal/Kg
- Alkohol : 6.000 Kcal/Kg
- Kayu kering : 4.500 Kcal/Kg
  :

Beberapa tipe pembakaran

- **Pembakaran sempurna**. Pembakaran sempurna terjadi bila pada api pembakaran tersedia cukup banyak oksigen, atau kadar oksigen di udara 21 % atau lebih. Pada pembakaran sempurna yang dihasilkan adalah : daya panas besar, adanya nyala api - untuk bahan kayu,dll - atau kemungkinan tanpa nyala api yang bisa terjadi pada pembakaran metal, sedikit asap, dan banyak terbentuk gas CO_2.

- **Pembakaran tidak sempurna.** Pembakaran tidak sempurna terjadi bila pada api pembakaran kurang tersedia oksigen, atau kadar oksigen di udara kurang dari 21 %. Pada pembakaran tipe ini yang dihasilkan adalah : daya panas kecil, nyala api kecil, banyak sekali asap, dan banyak terbentuk gas CO.

- **Pembakaran spontan.** Pembakaran tipe ini terjadi secara spontan tanpa adanya bahan pembakar. Hal ini disebabkan adanya udara panas yang tidak dapat keluar, sehingga secara bertahap kadar panas di ruangan naik dan bahan mencapai titik nyala sendiri. Pada umumnya pembakaran spontan sering terjadi pada timbunan bahan kering, di mana ruang-ruang antara timbunan tidak ada sela-selanya / tertutup rapat, dan ventilasi ruangan tempat penimbunan barang tersebut kurang baik. Untuk timbunan bahan-bahan kering yang berasal dari tumbuh-tumbuhan, kenaikan kadar panas dapat disebabkan oleh bekerjanya bakteri-bakteri (Fermentation). Contoh timbunan bahan-bahan kering yang dapat terbakar sendiri : Kopra, Karet, Serat Nanas, Kapuk / Kapas, Serbuk Gergaji, Jerami / Rumput Kering, Batubara, Lemak Kering, dan sebagainya.

BAB 5

METODE PEMADAMAN KEBAKARAN

Segitiga Api

Api adalah suatu reaksi berantai yang berjalan sangat cepat, seimbang, dan kontinyu antara tiga bahan pembentuk api, yaitu Bahan Bakar, Energi Panas, dan Oksigen. Api dan tiga elemen pembentuknya itu sering digambarkan berupa Segitiga Api (Fire Triangle). Fire Triangle adalah suatu Segitiga Sama Sisi, di mana sisi-sisinya diberi nama masing-masing elemen pembentuk api : Bahan Bakar (Fuel), Energi Panas (Heat), dan Oksigen (Oxygen).

Segitiga Api

Reaksi antara ke tiga elemen tersebut hanya akan menghasilkan suatu nyala api apabila kadar elemen-elemennya seimbang. Bila salah satu elemen kadarnya berkurang, maka nyala api akan padam dengan sendirinya.

Sebagai contoh, ketika kita membuat api unggun, maka nyala api unggun akan makin membesar bila bahan bakar yang berupa kayu-kayu kering ditambah lebih banyak. Sebaliknya nyala api unggun akan mengecil bila bahan bakarnya kita kurangi. Dari contoh ini didapat satu cara pemadaman kebakaran, yaitu mengurangi, memisahkan, atau menyingkirkan bahan bakar yang menimbulkan api. Metoda pemadaman kebakaran dengan cara ini disebut Cara Penguraian.

Api unggun yang kita buat juga dapat dipadamkan dengan cara menyiram air. Metoda pemadaman kebakaran dengan cara ini disebut Cara Pendinginan. Cara pendinginan pada dasarnya ialah mengurangi kadar panas pada nyala api, sehingga reaksi berantainya tidak seimbang dan lalu nyala api akan padam.

Api unggun yang kita buat – jika api unggun itu tidak terlalu besar – dapat dipadamkan dengan cara menutupinya dengan karung bekas yang dibasahi. Akibat dari tertutup karung basah, maka nyala api terisolasi dengan udara luar, atau tidak bisa bereaksi dengan oksigen. Maka akibatnya keseimbangan reaksi berantainya akan terganggu, dan nyala api akan padam. Pemadaman nyala api dengan cara ini disebut metoda kebakaran dengan cara Isolasi.

Tiga metoda pemadaman kebakaran yang dijelaskan di atas pada dasarnya merupakan prinsip dasar dari teori pemadaman kebakaran yaitu:Cara Penguraian, Cara Pendinginan, dan Cara Isolasi.

Cara Penguraian

Metoda pemadaman kebakaran dengan cara penguraian dilakukan dengan cara memisahkan, menyingkirkan, atau menjauhkan bahan-bahan ataupun benda-benda yang mudah terbakar. Contohnya, misalnya terjadi kebakaran di gudang tekstil, maka agar kebakaran tidak meluas, tumpukan tekstil yang terdekat dengan arah menjalarnya api harus dibongkar dan disingkirkan / dijauhkan. Tindakan tersebut biasa dilakukan berbarengan dengan Cara Pendinginan, yaitu penyemprotan dengan air.

Cara penguraian ini biasa dilakukan dalam upaya pemadaman kebakaran di kota-kota, khususnya pemadaman kebakaran di pemukiman padat bangunan atau pemadaman kebakaran di pasar-pasar. Disamping melakukan pemadaman dengan pendinginan yaitu penyemprotan air, maka sebagian bangunan rumah atau kios terdekat dengan arah menjalarnya api, dirusak atau dirobohkan. Tujuannya agar api kebakaran tidak menjalar lebih jauh ke bangunan-bangunan lainnya di pemukiman yang padat itu.

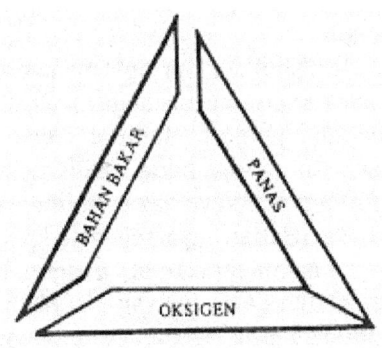

Cara penguraian juga biasa dilakukan untuk pemadaman kebakaran hutan. Dalam hal ini perlu diperhatikan arah angin, karena api kebakaran akan menjalar searah dengan arah angin. Tindakan yang dilakukan yaitu dengan cara merobohkan pohon-pohon, semak-semak atau alang-alang di area arah menjalarnya api. Dengan cara tersebut api kebakaran hutan dapat dikendalikan. Api akan padam atau berhenti menjalar karena tidak ada lagi bahan bakarnya.

Cara Pendinginan

Metoda pemadaman kebakaran dengan cara pendinginan dilakukan dengan penyemprotan air ke arah sumber api. Alat yang digunakan adalah pompa-pompa air, slang dan alat penyemprotnya atau nozzle. Alat penyemprot air bermacam-macam jenisnya, dan ada yang dilengkapi dengan alat pengaturan untuk menghasilkan pancaran air yang lurus atau pancaran air yang menyebar.

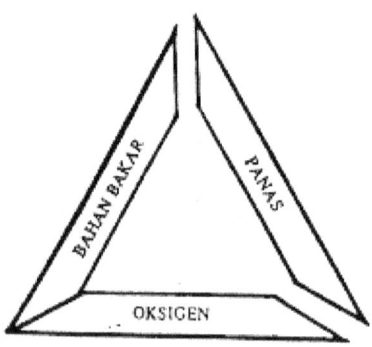

Pancaran air yang lurus digunakan bila sumber api kebakaran terlihat dengan jelas, misalnya bagian rumah yang terbakar yang berupa kayu atau bahan lain. Sedangkan pancaran air yang menyebar digunakan bila sumber api kebakaran tidak diketahui dengan jelas karena tertutup asap tebal. Pancaran menyebar dimaksudkan untuk pendinginan atau untuk mengurangi kadar panas agar api tidak menjalar (mengurung sumber api kebakaran).

Cara Isolasi

Metoda pemadaman kebakaran dengan Cara Isolasi bertujuan untuk mengurangi kadar oksigen di lokasi sumber api, atau mencegah agar api tidak bereaksi dengan oksigen yang ada di udara bebas.

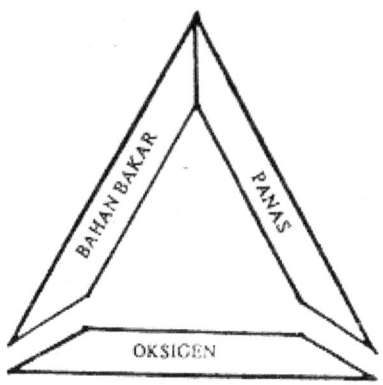

Contoh-contohnya antara lain menutup sumber api dengan karung atau handuk yang telah dibasahi air. Hal ini dilakukan misalnya untuk pemadaman kompor yang menyala tidak terkendali. Disamping itu bisa digunakan pasir atau tanah untuk menimbun benda benda yang terbakar.

Metoda isolasi ini banyak diterapkan untuk menciptakan alat-alat pemadam kebakaran portable, misalnya pemadam api CO2, Busa, Bubuk Kimia Kering (Dry Chemical Powder), dan Halon.

Klasifikasi Kebakaran

Klasifikasi Kebakaran adalah penggolongan kebakaran berdasarkan jenis-jenis apinya / berdasarkan jenis bahan yang terbakar. Klasifikasi kebakaran ini diperlukan untuk memilih metoda dan alat yang tepat untuk pemadamannya. Seperti pada jenis-jenis api, klasifikasi kebakaran ada 4 macam, yaitu :

- Klas A : Adalah kebakaran dari bahan-bahan yang mudah terbakar seperti kayu, kertas, plastik, tekstil, dan sebagainya.

- Klas B : Adalah kebakaran dari bahan cair atau gas, seperti Bensin, Solar, Bensol, Butane, dan sebagainya.

- Klas C : Adalah kebakaran yang disebabkan oleh arus listrik pada peralatan permesinan, generator, panel-panel listrik, dan sebagainya.

- Klas D : Adalah kebakaran dari bahan-bahan logam seperti Titanium, Sodium, Aluminium, dan sebagainya.

Dengan mengetahui klas kebakaran, maka dapat dipilih alat dan bahan pemadamnya yang tepat :

Untuk kebakaran Klas A : Bahan pemadam yang tepat ialah air, namun bisa digunakan bahan lain seperti pasir, tanah, dan alat pemadam CO_2.

Untuk kebakaran Klas B : Bahan pemadam yang tepat ialah Busa (Foam) atau CO_2. Penggunaan air tergantung lokasi atau tempat sumber apinya, dalam hal ini jangan sampai penyemprotan air justru menyebabkan minyak dan apinya menyebar ke area yang lebih luas. Penggunaan air untuk pemadaman kebakaran klas B dapat dilakukan bila air yang digunakan dicampur dulu dengan bahan kimia Tipol.

Untuk kebakaran Klas C : Bahan pemadam yang paling baik untuk klas ini ialah CO_2. Selain itu bisa digunakan bahan pemadam lain seperti Dry Chemical, CTF, atau BCF.

Untuk kebakaran Klas D : Bahan pemadam yang baik untuk pemadaman kebakaran klas ini ialah Dry Chemical.

Sebab-sebab kebakaran

Penyebab kebakaran bermacam-macam, namun yang paling terjadi adalah karena : kelalaian. Selain disebabkan karena kelalaian, ada pula peristiwa kebakaran yang disebabkan karena peristiwa alam, penyalaan sendiri, dan ada pula kejadian kebakaran yang memang disengaja.

Kebakaran karena kelalaian

Kelalaian adalah suatu perbuatan yang tidak disengaja, dan kelalaian ini pula yang sering menimbulkan kejadian kebakaran yang menimbulkan korban jiwa maupun kerugian harta benda yang besar. Hampir pada setiap peristiwa kebakaran besar yang terjadi di kota-kota besar yang padat penduduknya, terjadinya adalah karena faktor kelalaian.

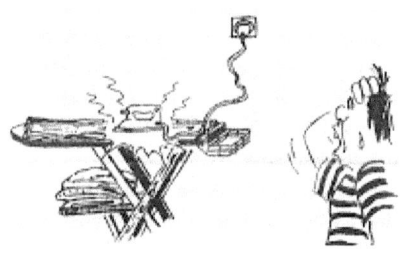

Adapun penyebab dari kelalaian terutama disebabkan karena lack of knowledge atau lack of training tentang pencegahan dan penanggulangan kebakaran, sehingga hal ini menyebabkan sikap dan perilaku kurang berhati-hati ketika bekerja menggunakan alat dan bahan-bahan yang dapat menimbulkan api tak terkendali. Disamping itu, kelalaian bisa timbul disebabkan karena kecenderungan perilaku tidak bisa mematuhi aturan, kurang memiliki kesadaran pribadi dan tidak disiplin, serta sikap apatis.

Contoh-contoh dari kelalaian yang dapat menimbulkan kebakaran misalnya kebiasaan membuang puntung rokok tidak pada tempatnya, merokok sambil tidur-tiduran, memasang obat nyamuk bakar secara sembarangan, meletakkan minyak atau bahan-bahan yang mudah terbakar di sembarang tempat, mengganti kawat sekring listrik dengan kawat sembarangan, lupa mematikan kompor atau alat-alat listrik, dan sebagainya.

Sering pula kejadian kebakaran ketika sedang melakukan kegiatan / pekerjaan, dan mungkin karena terburu-buru ingin menyelesaikan pekerjaan sehingga lupa atau lalai terhadap tindakan keamanan yang seharusnya dilakukan. Misalnya melakukan pengelasan di dekat bahan-bahan yang mudah terbakar, menyalakan korek api untuk merokok tanpa menyadari bahwa di dekatnya baru saja diletakkan bahan yang mudah menyala, dan sebagainya.

Peristiwa kebakaran yang terjadi di kota-kota besar yang padat penduduknya, seperti di Jakarta, sebagian besar disebabkan karena kelalaian yang berhubungan dengan arus pendek listrik/korsleting.

Berdasarkan data resmi tahun 2013, dari bulan Januari sampai bulan September jumlah kebakaran di Jakarta mencapai 647 kejadian, dan kerugian akibat kejadian itu ditaksir mencapai Rp.161,3 miliar. Jumlah obyek yang terbakar sekitar 1.996 bangunan, di mana 16 bangunan diantaranya adalah bangunan industri dan 96 berupa kendaraan. Berdasarkan penjelasan resmi dari instansi yang berwenang, penyebab kebakaran akibat listrik mencapai lebih dari 70 persen.

Arus pendek listrik merupakan penyebab kebakaran yang terbesar, umumnya terjadi di kawasan padat bangunan, mengingat bahwa masyarakat kurang menjaga keamanan jaringan listrik, disamping itu banyak bangunan yang berusia lebih dari 10 tahun tapi jarang diperiksa kondisi jaringan listriknya / lalai dalam perawatan jaringan listrik yang digunakan.

Kebakaran karena peristiwa alam

Banyak peristiwa alam yang memicu terjadinya kebakaran, dan pada umumnya adalah peristiwa alam yang berhubungan dengan keadaan cuaca, gempa bumi, dan meletusnya gunung berapi. Penyebab kebakaran dari faktor alam misalnya :

Sinar matahari : Cuaca panas yang lama menyebabkan kekeringan di kawasan yang luas misalnya kawasan hutan dan perkebunan, dan hal ini memicu terjadinya kebakaran hebat di kawasan tersebut. Penyebabnya tidak semata-mata dari cuaca panas dan kekeringan, melainkan ada campur tangan dari perbuatan manusia.

Peristiwa kebakaran hutan yang sering terjadi di Indonesia maupun di kawasan dunia lainnya, faktor penyebabnya pada umumnya adalah musim panas / kekeringan yang lama dan adanya kegiatan manusia yang sengaja membakar area tertentu yang akan diolah menjadi perkebunan, namun kebakaran yang ditimbulkan berkembang menjadi tidak terkendalikan, sehingga api menjalar ke kawasan yang lebih luas.

Cuaca panas atau musim kering yang lama juga dapat memicu terjadinya kebakaran di gudang-gudang tempat penyimpanan bahan mudah terbakar atau mudah meledak. Misalnya gudang mesiu, gudang bahan-bahan kimia, gudang bahan petasan, dan sebagainya.

Untuk mencegah terjadinya bahaya kebakaran, maka temperatur udara di dalam gudang-gudang tersebut harus sering diperiksa. Sebab bila temperatur terlalu tinggi dan mencapai titik nyala dari bahan yang disimpan, maka dapat menyebabkan ledakan dan kebakaran. Sebagai upaya pencegahan kebakaran, biasanya pada gudang-gudang tersebut dipasang detektor panas / Heat Detector. Heat detector berfungsi sebagai alat pengaman di mana pada temperatur tertentu akan otomatis memberikan alarm dan mengaktikan alat yang berfungsi untuk pendinginan ruangan.

Tergantung dari jenis bahan yang disimpan, peralatan detektor yang dipasang dapat berupa alat deteksi nyala api / Flame Detector. Flame detector berfungsi untuk mendeteksi timbulnya nyala api. Alat ini akan memberikan alarm bila di ruangan dalam gudang tersebut terjadi penyalaan sendiri.

Letusan gunung berapi : Akibat dari letusan gunung berapi bisa menimbulkan kebakaran pada kawasan yang dilalui awan panas maupun lava yang berasal dari letusan gunung tersebut.

Gempa bumi : Pada peristiwa gempa bumi, goncangan atau retakan dari tanah dapat merusak bangunan gedung, bahkan merobohkan bangunan-bangunan. Akibatnya bisa terjadi korsleting listrik, sehingga menimbulkan kebakaran.

Petir / Halilintar : Terjadinya petir / halilintar dapat menyebabkan kebakaran hutan, kebakaran rumah tempat tinggal atau gedung-gedung bangunan yang tidak dilengkapi dengan alat penangkal petir.

Angin : Angin dapat memicu terjadinya kebakaran. Penyalaan api yang digunakan untuk tujuan pembakaran dapat berkembang menjadi api yang tidak terkendali, pada umumnya disebabkan karena bertiupnya angin.

Sedangkan angin yang kuat misalnya angin puting beliung atau tornado dapat menyebabkan kerusakan pada instalasi listrik / korsleting, sehingga menimbulkan kebakaran.

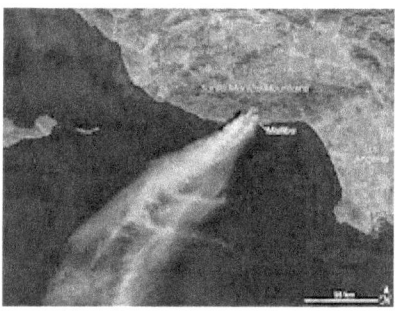

Kebakaran hutan di California Selatan difoto dari satelit NASA, 24 November 2007. Kebakaran tersebut meluas disebabkan bertiupnya angin Foehn / Chinook dari pegunungan Rocky Mountains (window2universe.co)

Disamping itu angin Foehn yang terjadi di kawasan-kawasan tertentu juga dapat memicu terjadinya kebakaran hutan. Angin Fohn merupakan angin yang mengalirkan udara hangat, dan hal ini menyebabkan kekeringan pada area yang luas, sehingga bila di kawasan tertsebut ada kegiatan pembakaran yang dilakukan oleh manusia, maka apinya mudah berkembang menjadi tidak terkendali.

Kebakaran karena penyalaan sendiri

Penyalaan sendiri dapat terjadi dalam gudang-gudang penyimpanan bahan-bahan kimia. Gudang-gudang tempat penyimpanan kopra juga merupakan tempat yang rawan terhadap kebakaran. Hal ini disebabkan karena udara yang kering dan berlangsung lama dapat menimbulkan terjadinya penyalaan sendiri pada kopra yang disimpan.

Kebakaran yang disengaja

Peristiwa kebakaran yang disengaja pada umumnya mempunyai tujuan-tujuan tertentu, antara lain :

- Sabotase untuk menimbulkan kekacauan atau huru-hara, biasanya karena alasan-alasan politis,
- Mencari keuntungan pribadi, misalnya untuk mendapatkan ganti rugi dari asuransi.
- Untuk menghilangkan jejak kejahatan dengan cara membakar tempat penyimpanan dokumen-dokumen penting.
- Untuk tujuan taktis dalam peperangan, misalnya dengan jalan bumi hangus.

Jenis-jenis Api

Api dibedakan menjadi beberapa jenis tergantung dari bahan-bahan yang terbakar. Penggolongan api tersebut bertujuan untuk memilih alat pemadam yang tepat, karena tidak sembarang api dapat dipadamkan dengan alat pemadam yang sama.

Sebagai contoh, untuk pemadaman di gudang tempat penyimpanan bahan-bahan logam, penggunaan air yang disemprotkan bisa sangat berbahaya. Karena ada sejenis logam dalam bentuknya sebagai bubuk kering, bila bereaksi dengan air dapat menimbulkan ledakan yang dahsyat, lebih dahsyat dari ledakan TNT.

Jenis-jenis api tersebut ada 4 macam, yaitu :

Api Klas A : Adalah api yang berasal dari bahan-bahan mudah terbakar seperti Kayu, Kertas, Tekstil, Plastik, dan Karet.

Api Klas B : Adalah api yang berasal dari bahan minyak seperti Bensin, Minyak Tanah, Solar, dan sebagainya.

Api Klas C : Adalah api yang berasal dari peralatan listrik (kortsleting).

Api Klas D : Adalah api yang berasal dari bahan logam seperti Titanium dan Sodium.

Tehnik dan Taktik Pemadaman Kebakaran

Setiap upaya pemadaman kebakaran bertujuan agar nyala api kebakaran dapat dipadamkan secepatnya, agar korban maupun kerugian yang lebih besar dapat dihindarkan. Untuk mencapai tujuan tersebut, maka upaya pemadaman kebakaran memerlukan teknik dan taktik pemadaman yang tepat.

Yang dimaksud dengan Teknik dan Taktik Pemadaman Kebakaran : teknik pemadaman kebakaran, adalah kemampuan untuk menggunakan alat, perlengkapan, dan bahan-bahan pemadaman kebakaran dengan sebaik-baiknya. Sedangkan taktik pemadaman kebakaran, adalah kemampuan dalam menganalisa situasi sehingga dapat melakukan tindakan dengan cepat dan tepat, guna mencegah terjadinya korban dan kerugian yang lebih besar.

Agar dapat menguasai teknik pemadaman kebakaran secara baik diperlukan syarat-syarat, antara lain : menguasai dengan baik pengetahuan tentang pencegahan dan penanggulangan kebakaran, termasuk peralatan pemadaman kebakaran, dan bahan-bahan pemadam yang digunakan. Dapat menggunakan peralatan dan perlengkapan pemadaman kebakaran dengan cepat dan benar, serta sudah terlatih dengan baik menghadapi situasi menghadapi bahaya kebakaran.

Sedangkan untuk menguasai taktik pemadaman kebakaran, selain syarat-syarat di atas masih diperlukan pengalaman yang sebenarnya dalam menanggulangi terjadinya kebakaran. Dan khususnya bagi para petugas pemadam kebakaran, hal-hal penting yang diperlukan agar dapat melaksanakan teknik dan taktik pemadaman yang baik, adalah :

-Dapat bekerja dengan tenang dan tabah. Ketenangan dan ketabahan sangat diperlukan, karena udara panas dan asap tebal yang ditimbulkan pada kejadian kebakaran pada umumnya sering menyebabkan rasa panik. Lebih-lebih pada peristiwa kebakaran besar.

-Harus berani mengambil tindakan-tindakan yang dipandang perlu. Keberanian diperlukan, namun harus tetap memperhatikan keamanan dan keselamatan. Pada pemadaman tempat tempat yang berbahaya, atau untuk menyelamatkan korban yang terjebak di lokasi kebakaran, paling tidak harus ada dua orang petugas. Salah satu bertugas sebagai penolong dan lainnya membantu serta melindungi temannya terhadap bahaya api. Dengan demikian bila terjadi hal-hal yang membahayakan secepatnya dapat diberikan bantuan dan pertolongan.

-Harus dapat bekerja sama sebagai Team Work yang kompak.. Selain menimbulkan rasa panik, udara panas di lokasi kebakaran juga menyebabkan kelelahan. Untuk menghemat tenaga, maka penggunaan alat penyemprot air / nozzle harus diatur secara bergiliran. Dalam hal ini peranan komandan tim sangat penting. Upaya pemadaman harus berjalan secara terpimpin dan kompak, agar dapat berhasil dengan baik.

Faktor-faktor penting yang perlu diperhatikan

Pengaruh angin

Arah berhembusnya angin dan kekuatannya dapat digunakan sebagai petunjuk ke arah mana menjalarnya api kebakaran. Dan upaya pemadaman kebakaran sebaiknya tidak melawan arah angin,kecuali dalam situasi khusus di mana lokasi kebakaran tidak memungkinkan untuk searah angin.

Upaya pemadaman kebakaran yang dilakukan melawan arah angin dapat membahayakan. Pertama karena akan terhalang dengan asap sehingga sulit menemukan sumber apinya. Ke dua, terkena aliran udara panas sehingga menyebabkan cepat lelah. Dan ke tiga, bahaya terkena jilatan api.

Warna asap kebakaran

Sumber api kebakaran sering tidak dapat dikenali karena terhalang oleh asap tebal. Namun dengan melihat warna asap yang ditimbulkannya kita dapat memperkirakan jenis benda yang terbakar atau sumber apinya. Misalnya, bila asap kebakaran berwarna hitam dan tebal, maka kemungkinan sumber api berasal dari benda-benda : Minyak / solar, karet, plastik, aspal, atau benda-benda yang mengandung minyak.

Bila warna asap coklat kekuning-kuningan, kemungkinan benda-benda yang terbakar adalah film, bahan-bahan film, atau benda-benda lain yang mengandung asam sulfat. Sedangkan bila warna asap putih kebiru-biruan, biasanya berasal dari benda-benda yang mengandung phosphor.

Di samping warna asap, bau yang menyebar berasal dari asap bisa digunakan sebagai petunjuk benda-benda yang terbakar atau sumber apinya. Dalam hal ini diperlukan pengalaman, karena aroma bau dari asap yang berasal dari kebakaran di gudang tekstil, berbeda dengan bau asap yang berasal dari kebakaran di gudang bahan-bahan karet, dan sebagainya.

Setelah diketahui jenis benda yang terbakar, maka bisa ditentukan alat dan bahan-bahan pemadamnya yang tepat.

Lokasi Kebakaran

Upaya pemadaman kebakaran tidak terlepas dari lokasi terjadinya musibah, apakah kebakaran tersebut terjadi di pemukiman yang padat bangunan, atau terjadi di pusat pertokoan di tengah kota, dan sebagainya.

Pada peristiwa kebakaran yang terjadi di perumahan penduduk, di samping usaha pemadaman kebakaran di lokasi sumber apinya, tindakan lain untuk mencegah meluasnya kebakaran harus dilakukan. Bila terpaksa, bangunan rumah terdekat yang kemungkinan besar terjilat api, sebagian bangunannya dirusak atau dirobohkan. Tindakan ini diperlukan untuk mencegah menjalarnya api.

Dan khususnya pada kebakaran besar yang terjadi di pasar atau pusat-pusat pertokoan, selain tindakan pemadaman dan tindakan mencegah meluasnya kebakaran, harus diperhatikan keamanan barang-barang yang mungkin masih bisa diselamatkan. Karena biasanya pada saat-saat musibah demikian merupakan kesempatan bagi pencoleng dalam menjalankan aksinya, misalnya dengan berpura-pura memadamkan api kebakaran.

Bahaya lain yang mungkin terjadi.

Setiap usaha pemadaman kebakaran harus tetap memperhatikan faktor keselamatan, baik keselamatan penghuni bangunan yang terbakar terutama anak-anak, balita, wanita, dan orang lanjut usia, maupun keselamatan petugas pemadam sendiri.

Bila ada korban yang terjebak di lokasi kebakaran dan terkurung bahaya api, harus segera dilakukan pertolongan, misalnya dengan cara merusak / menjebol dinding rumah, merusak langit-langit, dan sebagainya. Oleh karena itu peralatan yang berupa kampak, linggis, ganco, dan alat-alat lainnya perlu disiapkan sebelumnya.

Harus diperhitungkan juga apakah ada bahaya-bahaya lain yang mungkin dapat menimbulkan jatuhnya korban. Misalnya apakah ada bahan-bahan di lokasi kebakaran yang kemungkinan dapat menimbulkan ledakan. Atau, mungkin ada bahan-bahan yang dapat menimbulkan gas beracun. Jika ada, maka bahan-bahan berbahaya tersebut harus diamankan terlebih dulu.

Dan khusus untuk pemadaman kebakaran yang terjadi di kapal laut atau perahu motor, harus dijaga agar upaya pemadaman kebakaran jangan sampai menimbulkan kerugian yang lebih besar. Misalnya, upaya pemadaman dengan cara penyemprotan air, jangan sampai berlebih-lebihan, karena dapat merusak muatan atau peralatan, atau dapat mengganggu kestabilan kapal yang dapat menyebabkan kapal terguling dan tenggelam.

.

BAB 6

BAHAN-BAHAN PEMADAM API

Air sebagai bahan pemadam

Di antara bahan pemadam yang berfungsi untuk mendinginkan, air adalah yang terbaik. Sebab air mempunyai kemampuan besar sebagai penyerap panas. Hal ini terjadi pada proses pembentukan uap air, di mana membutuhkan energi panas yang cukup besar.

Di samping itu, air mudah di dapat dan relatif lebih murah dibandingkan bahan pemadam lainnya. Dan juga, penggunaannya dapat dilakukan dengan bermacam-macam alat secara praktis.

Cara yang umum pemadaman kebakaran dengan bahan air adalah dengan menggunakan alat penyemprot (nozzle).

Nozzle / Penyemprot air

Dalam hal ini air dialirkan melalui slang-slang air oleh mesin pompa, kemudian dipancarkan melalui nozzle. Pancaran air pada nozzle dapat distel, dibesarkan atau dikecilkan pancarannya, atau dikabutkan, tergantung tujuan yang diinginkan.

Penyetelan pancaran air dilakukan dengan stang nozzle. Nozzle seperti gambar di atas, jika stang nozzle ditarik ke belakang, maka yang terjadi adalah pancaran lurus.

Jika stang nozzle di tekan ke depan sehingga posisinya tepat tegak lurus pada nozzle, maka akan terjadi pancaran air yang melebar atau pengabutan. Dan pancaran air akan berhenti jika stang nozzle ditekan ke depan. Dua macam tipe pancaran air di atas masing-masing ada tujuannya, yaitu :

Pancaran Lurus (Solid Stream):

Digunakan untuk pemadaman langsung ke arah sumber nyala apinya. Hal ini dilakukan bila sumber nyala apinya sudah diketahui atau terlihat dengan jelas. Pancaran air diarahkan langsung ke benda yang terbakar di posisi pangkal nyala apinya.

Pancaran Lurus (Foto : Andy Wahyudin)

Pancaran Pengabutan (Fog)

Pancaran Pengabutan mempunyai beberapa kegunaan :

1. Untuk mengurung nyala api Hal ini biasa dilakukan jika sumber nyala api tidak kelihatan. Lokasi kebakaran dikurung dengan pancaran pengabutan. Butir-butir air pada pancaran pengabutan akan cepat menjadi uap, dan untuk itu diperlukan energi panas. Pancaran pengabutan yang dilakukan secara terus-menerus akan menyerap energi panas, sehingga kadar panas di lokasi kebakaran menjadi turun, dan api kebakaran akan cepat padam.

Pancaran Pengabutan (Foto : Andy Wahyudin)

2. Untuk membuat tabir air. Tabir air diperlukan untuk mencegah menjalarnya api kebakaran. Misalnya pancaran pengabutan diarahkan ke benda yang terancam terkena jilatan api. Pancaran pengabutan ini biasa dilakukan untuk melindungi para petugas pemadam kebakaran atau para korban pada proses evakuasi.

3. Untuk pendinginan ruangan. Pada peristiwa kebakaran, udara panas menjalar dengan cepat ke segala arah. Pendinginan harus dilakukan pada tempat-tempat

yang penting, misalnya ruangan tempat penyimpanan bahan kimia, ruangan tempat penyimpanan dokumen-dokumen penting, dan sebagainya.

Pancaran pengabutan (fog) dibandingkan dengan pancaran lurus (solid stream) memiliki beberapa keuntungan :

1. Kemampuan menyerap panas lebih besar. Satu liter air bila disemprotkan lurus, dapat menyerap panas sebesar 30 Kcal. Tetapi bila satu liter air itu dikabutkan, dapat berubah menjadi 1600 liter uap, dan akan menyerap panas sebesar 300 Kcal.

2. Alat Penyemprot (nozzle) lebih mudah dikendalikan. Pada pancaran lurus, tekanan air yang besar menyebabkan nozzle terasa berat, sehingga sulit dikendalikan. Oleh karenanya untuk mengubah arah pancaran ke arah yang lain, kadang-kadang sulit dilakukan. Tetapi pada pancaran pengabutan, tekanan air di nozzle terasa ringan sehingga nozzle dapat diarahkan dengan lebih mudah.

3. Menghasilkan udara segar. Pengabutan menghasilkan butir-butir air yang dapat memenuhi ruangan lebih luas. Ruangan yang tadinya terasa panas dan menyesakkan pernafasan, dengan adanya butir-butir air itu akan menjadi lembab, sehingga udara terasa segar.

Sedangkan pada pancaran lurus, sedikit sekali jumlah air yang menjadi uap. Dari jumlah 2500 liter air yang disemprotkan, kira-kira hanya 100 liter yang menjadi uap.

Disamping keuntungan-keuntungan seperti yang disebutkan di atas, pancaran pengabutan memiliki kerugian, terutama jarak jangkauannya yang pendek.

Sedangkan pada pancaran lurus, jarak pancaran air jauh lebih besar.

Bahan pemadam busa (Foam)

Busa adalah bahan pemadam untuk kebakaran kelas B (Minyak,solar,dan sebagainya). Bahan ini dihasilkan dari reaksi kimia. Biasanya yang digunakan adalah campuran Natrium Bicarbonat dengan Aluinium Sulfat, keduanya dilarutkan dalam air. Hasilnya adalah Busa (Foam) yang volumenya dapat mencapai sepuluh kali volume campuran.

Pemadaman kebakaran dengan bahan pemadam Busa merupakan cara Isolasi, yaitu mencegah agar api kebakaran tidak bereaksi dengan Oksigen. Busa sangat efektif melaksanakan cara Isolasi ini, karena sifatnya cair dan juga ringan, sehingga busa akan mengambang di permukaan minyak yang terbakar, dan mencegah reaksi dengan oksigen.

Dalam penggunaan Busa perlu diperhatikan, bahwa yang terpenting adalah secepatnya menyelimuti permukaan minyak sekeliling nyala api. Arah pancaran dari alat penyemprotnya tidak ditujukan langsung ke nyala api, tapi ditujukan ke arah depan atau belakang dari nyala api.

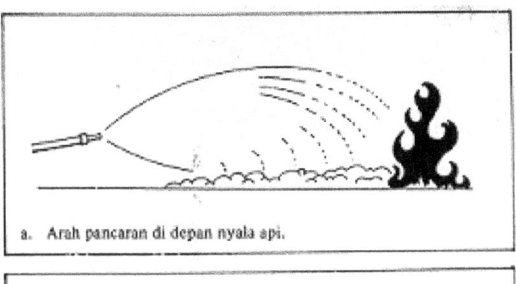

a. Arah pancaran di depan nyala api.

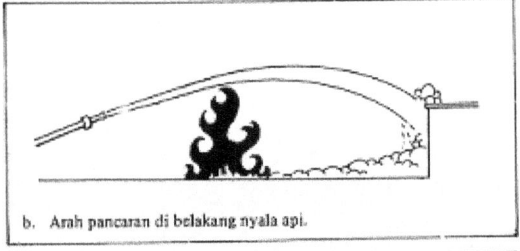

b. Arah pancaran di belakang nyala api.

c. Arah pancaran di pangkal nyala api.

Bahan pemadam CO2

CO2 atau Carbon Dioxida adalah bahan pemadam yang paling baik untuk kebakaran kelas B (Minyak) dan C (Peralatan Listrik). CO2 berupa gas, dan dengan disemprotkannya bahan ini ke sumber api kebakaran, maka dia akan mengurangi kadar oksigen di udara.

Pada udara normal, kadar oksigen adalah 21 %. Bila CO2 digunakan, kadar oksigen dapat cepat turun menjadi 12 -

15 %. Dan pada kondisi ini reaksi pembakaran akan terhambat, dan nyala api akan berangsur-angsur padam.

Proses pemadaman dengan CO_2 dapat berlangsung cepat bila tidak ada angin atau arus udara. Sebab setelah CO_2 disemprotkan, maka gas ini akan memenuhi ruangan. Dan karena berat jenis CO_2 lebih besar dari berat jenis udara, maka gas CO_2 akan berada di bawah dan menyelimuti nyala api. Pemadaman bisa terhambat bila di lokasi tersebut ada angin. Oleh sebab itu bahan pemadam CO_2 ini efektif digunakan untuk pemadaman kebakaran yang terjadi di dalam ruangan. Karena kekhususannya, bahan pemadam CO_2 kebanyakan disiapkan sebagai alat pemadam otomatis instalasi tetap. Misalnya dipasang sebagai alat pemadam otomatis instalasi tetap di kamar-kamar mesin kapal laut, ruangan generator dari pabrik-pabrik, ruang panel-panel listrik, dan sebagainya.

Keuntungan-keuntungan bahan pemadam CO_2 :

1. Merupakan bahan gas yang tidak dapat mengalirkan arus listrik dan tidak menyebabkan karat. Oleh sebab itu paling baik untuk digunakan pemadaman kebakaran yang terjadi di ruang permesinan.

2. Dapat disimpam dalam tabung-tabung gas yang terbuat dari baja, portable atau semi portable, sehingga mudah disiapkan di ruangan-ruangan yang sempit.

3. CO_2 yang disimpan di dalam tabung portable bisa diisi kembali setelah habis dipakai.

4. Dapat dipasang dalam suatu sistim pemadaman otomatis.

Sedangkan kerugian-kerugiannya :

1. Pada konsentrasi tertentu gas CO_2 berbahaya bagi manusia. Dan disebabkan karena sifat fisiknya sebagai gas tidak berwarna dan tidak berbau, maka sulit menentukan keadaan bahaya yang ditimbulkannya. Oleh sebab itu pada pemadaman kebakaran di suatu ruangan, petugas pemadam kebakaran wajib memakai masker dan alat pernafasannya. Sebelum CO_2 disemprotkan, harus diyakinkan terlebih dulu di ruangan tersebut tidak ada orang, mungkin korban yang terluka, dan sebagainya.

2. Pemadam CO_2 tidak efektif untuk ruang terbuka.

Beberapa sifat fisik bahan pemadam CO_2 :

1. Merupakan gas yang tidak berwarna dan tidak berbau.

2. Mempunyai Berat Jenis lebih besar dari Berat Jenis Udara. Berat tiap Desimeter kubik CO_2 adalah : 1,98 gram.

3. Mempunyai Konsentrasi kepekatan : 1,528.

4. 1 Kg CO_2 dapat menghasilkan 509 liter gas.

5. Pada temperatur normal akan mencair bila berada di tempat yang mempunyai tekanan 50 Bars.

6. Pada temperatur kurang dari 50 derajat C, tekanan maksimum di dalam tabung baja tidak boleh lebih dari 174 Bars. Pada konsisi ini tiap liter tabung dapat diisi 746 gram CO_2 (Normal Ratio).

Sedangkan bila temperatur lebih dari 50 derajat C, tekanan maksimum di dalam tabung baja tidak boleh lebih dari 140 Bars. Pada kondisi ini tiap liter tabung dapat diisi 670 gram CO_2 (Tropical Ratio).

7. CO_2 adalah gas yang bersifat netral, yaitu bukan gas pembakar dan juga bukan gas yang mudah terbakar.

Sifat-sifat fisik CO_2 sesuai yang diuraikan di atas berguna untuk merencanakan kebutuhan CO_2/jumlah tabung yang diperlukan, disesuaikan dengan volume ruangannya.

Di bawah ini disampaikan contoh perhitungannya:

Tempat yang mempunyai temperatur kurang dari 50 derajat C, maka tabung baja yang volumenya 45 liter dapat diisi dengan CO_2 sejumlah : 45 x 0,746 = 33, 57 Kg CO_2.

Sedangkan suatu tempat yang mempunyai temperatur lebih dari 50 derajat C, volume tabung yang sama dapat diisi dengan CO_2 sejumlah : 45 x 0,670 = 30,15 Kg CO_2.

Besarnya tabung baja dan banyaknya CO_2 yang diperlukan selalu disesuaikan dengan volume ruangan dan tingkat bahaya kebakaran yang mungkin terjadi.

Untuk ruangan dengan resiko / tingkat bahaya kategori I misalnya ruangan mesin / kamar-kamar mesin dan ruangan panel listrik, digunakan suatu patokan CO_2 yang diperlukan adalah 40 % dari volume ruangan. Sedangkan ruangan-ruangan lain yang resiko / tingkat bahayanya kategori II, 30 % dari volume ruangan.

Tiap satu meter kubik dari suatu ruangan kategori I memerlukan 0,8 Kg CO_2.

Tiap satu meter kubik dari suatu ruangan kategori II memerlukan 0,6 Kg CO_2.

Sebagai contoh : *Suatu ruangan kamar mesin yang volumenya 150 meter kubik direncanakan akan dipasang pemadam CO2 sistim otomatis. Berapa banyak CO2 yang diperlukan agar kamar mesin itu terjamin dari ancaman bahaya kebakaran ?*

Jawab :

Volume CO2 yang diperlukan : 40 % x 150 meter kubik = 60 meter kubik.

Jumlah CO2 yang dibutuhkan : 60 x 0,8 Kg = 48 Kg.

Bahan pemadam powder (Serbuk Kimia)

Perkembangan dari teknik pemadaman kebakaran menghasilkan penemuan baru bahan-bahan pemadam api selain yang biasa digunakan, yakni air dan pasir. Sekarang sudah banyak digunakan bahan pemadam api berupa serbuk kimia kering (Powder Dry Chemical), yang memiliki manfaat dan keunggulan tertentu dibandingkan dengan bahan pemadam lainnya'

Powder Dry Chemical efektif digunakan untuk pemadaman kebakaran klas B dan C. Penggunaannya untuk klas C (kebakaran peralatan listrik) sangat tepat, karena bahan kimia ini juga dapat berfungsi sebagai penyekat arus listrik (isolator), dan tidak merusak peralatan.

Selain digunakan untuk pemadaman klas B dan C, bahan pemadam serbuk kimia kering juga bisa digunakan untuk klas A dan D (kebakaran bahan logam). Dan mengingat penggunaannya yang bermacam-macam, bahan pemadam ini sering dipromosikan sebagai bahan pemadam yang berfungsi ganda (Multi Purpose Extinguisher).

Seperti bahan pemadam CO2, serbuk kimia adalah bahan pemadam yang berfungsi untuk mengikat oksigen (Cara Isolasi). Disamping itu serbuk kimia juga dapat mengikat gas-gas beracun yang mungkin ditimbulkan dalam suatu kebakaran, sehingga hal-hal membahayakan dari dugaan timbulnya gas-gas beracun dapat ditiadakan.

Serbuk kimia kering disiapkan dalam tabung-tabung pemadaman kebakaran seperti yang digunakan untuk bahan pemadam CO2. Bahan kimia yang digunakan biasanya ada dua macam, pertama adalah *Sodium Bicarbonate* atau Natrium *Bicarbonate*, dan ke dua gas CO2 atau Nitrogen yang fungsinya untuk menghembuskan bahan berupa serbuk keluar tabung.

Dibandingkan dengan CO2, serbuk kimia memiliki beberapa keunggulan, diantaranya :

- Dry chemical tidak berbahaya bagi manusia maupun binatang.

- Memiliki kemampuan lebih besar dalam mengikat oksigen, sehingga pemadaman lebih cepat.

- Memiliki kemampuan untuk mengikat gas-gas beracun yang timbul sebagai akibat kebakaran.

- Dry chemical berfungsi sebagai isolator, sehingga paling baik digunakan dalam pemadaman kebakaran peralatan listrik.

- Mudah dibersihkan dan tidak menyebabkan kerusakan peralatan.

- Penyimpanan di dalam tabung lebih tahan lama.

- Masih bisa digunakan pemadaman di tempat terbuka asalkan angin tidak terlalu kuat bertiupnya.

Bahan pemadam gas Halon

Bahan pemadam gas Halon adalah bahan pemadam yang terdiri dari campuran beberapa bahan kimia. Pada umumnya unsur-unsur kimia yang digunakan adalah Carbon, Fluorine, Clorine, Bromide, dan Iodine. Bahan pemadam gas Halon dibentuk dari dua atau lebih unsur-unsur kimia tersebut. Misalnya bahan pemadam Halon 1211, terdiri dari campuran empat macam bahan / unsur kimia : Carbon, Fluorine, Clorine, dan Bromide. Sehingga dinamakan : *Bromoclorodifluormethane*, lebih populer dengan nama singkatannya, yaitu : *BCF*.

Kode angka setelah nama Halon menunjukkan jenis unsur bahan kimianya.

Halon 1301

Prinsip pemadaman menggunakan bahan pemadam Halon sama dengan bahan pemadam CO2 atau Dry Chemical Powder, yaitu cara Isolasi. Gas Halon dalam bentuk cair disimpan dalam tabung-tabung pemadam portable atau semi portable. Bahan pemadam ini dapat pula disiapkan untuk pemadaman sistem otomatis pada instalasi tetap, misalnya yang disiapkan di kapal-kapal laut dan pesawat-pesawat terbang.

Bahan pemadam Halon terdiri dari bermacam-macam tipe tergantung dari bahan-bahan kimia yang digunakan. Masing-masing tipe dibedakan dengan menggunakan kode angka, dan masing-masing angka yang digunakan menunjukkan jenis bahan kimianya. Contoh : *Halon 1301*, empat angka dibelakang menunjukkan unsur kimia yang digunakan :

Angka pertama (1) : Untuk unsur Carbon (C), angka 1 menunjukkan jumlah atom Carbon..

Angka ke dua (3) : Untuk unsur Fluorine (Fl), angka 3 menunjukkan jumlah atomnya : Fl3.

Angka ke tiga (0) : Untuk unsur Clorine (Cl), angka 0 menunjukkan gas Halon tersebut tidak mengandung unsur Clorine.

Angka ke empat (1) : Untuk unsur Bromide (Br), angka 1 menunjukkan jumlah atomnya: Br.

Bila kode Halon menggunakan 5 angka, maka angka ke lima untuk unsur Iodine.

Contoh-contoh lainnnya :

Halon 1001 : berarti gas Halon yang mengandung dua unsur kimia saja, Carbon dan Bromide. Halon jenis ini sering disebut *Halon Cbr* atau *Halon Methyl Bromide.*

Halon 1211 : berarti gas Halon yang mengandung empat unsur : C, Fl2, Cl, dan Br. Halon jenis ini lebih dikenal dengan nama singkatannya *Halon BCF* dan sering disebut *Halon Bromoclorodifluormethane.*

Halon 14 : berarti gas Halon mengandung dua unsur C dan Fl4, sering disebut *Halon CTF* atau *Halon Carbontetrafluorine*

IIalon 104 : berarti gas Halon yang mengandung dua unsur saja C dan Cl4, sering disebut *Halon CTCl* atau *Halon Carbontetraclorida.*

Perlu diketahui bahwa bahan pemadam Halon yang sempat

populer pada dekade tahun 1980-an, sekarang ini sudah tidak diproduksi lagi. Berdasarkan hasil penelitian diketahui bahwa aktivitas penggunaan gas Halon termasuk salah satu yang menyebabkan penipisan lapisan ozon di stratosfer. Oleh karena itu berdasarkan konvensi internasional pada tahun 1987 telah disusun jadwal penghapusan bahan pemadam Halon.

BAB 7

ALAT-ALAT PEMADAM KEBAKARAN

Banyak macam dan jenis dari alat-alat pemadaman kebakaran, antara lain adalah tabung-tabung pemadam portabel, sprinkler otomatis, hidran, dan alat-alat pemadam sistem otomatis. Di samping itu ada alat yang digunakan untuk mendeteksi terjadinya kebakaran dan alat ini sekaligus dapat membunyikan alarm / peringatan terjadinya bahaya kebakaran. Alat deteksi bahaya kebakaran ada tiga macam, yaitu : smoke detector (deteksi asap), flame detector (deteksi nyala api), dan heat detector (deteksi panas).

Dan masih banyak lagi peralatan yang digunakan untuk pencegahan dan penanggulangan bahaya kebakaran, misalnya mobil-mobil pemadam kebakaran dan perlengkapannya, alat-alat keselamatan / pelindung diri berupa baju tahan api, breathing apparatus (alat pernafasan), helm, pelindung mata, sepatu boot, tangga, mesin-mesin pompa dan selang-selang air serta alat penyemprotnya (nozzle), alat-alat komunikasi, dan sebagainya.

Tabung pemadam kebakaran portabel

Bahan-bahan pemadam api seperti Busa, CO2, Powder dan Halon dapat ditempatkan dalam suatu tabung berbagai ukuran, sehingga sewaktu-waktu diperlukan dapat digunakan dengan cepat. Tabung-tabung bahan pemadam disebut portabel (portable), maksudnya mudah dijinjing dan bisa digunakan dengan cepat, bila berat tabung dan isinya tidak lebih dari 16 Kg. Tabung yang lebih besar digolongkan sebagai tabung semi portable, beratnya seluruhnya tidak lebih dari 30 Kg. Dan untuk tabung-tabung pemadam yang beratnya lebih dari 30 Kg, biasanya ditempatkan pada tempat yang mempunyai roda, sehingga mudah didorong atau ditarik untuk digunakan sewaktu-waktu diperlukan.

Pabrik pembuat alat-alat pemadam kebakaran diwajibkan memasang label dan informasi-informasi yang diperlukan pada bagian luar dari tabung-tabung hasil produksinya. Hal ini penting agar tidak terjadi kekeliruan pada waktu digunakan. Kekeliruan pemakaian alat-alat tersebut bisa merugikan, dan juga dapat berakibat fatal. Sebaliknya, para konsumen pengguna alat-alat tersebut, baik instansi pemerintah maupun swasta, juga diwajibkan setiap karyawan atau tenaga kerjanya mengetahui dan memahami keberadaan alat berupa tabung-tabung pemadam kebakaran yang ditempatkan di lingkungan kerjanya. Mereka harus mengetahui fungsi dan cara kerja alat tersebut, dan mampu menggunakan dengan cepat ketika di tempat kerjanya terjadi kebakaran.

Sebagaimana telah dijelaskan di bab sebelumnya, tindakan awal dalam upaya pemadaman kebakaran sangat menentukan, karena waktu itu api masih kecil dan relatif lebih mudah dikendalikan. Bila api kebakaran sudah terlanjur berkobar menjadi besar, maka menjadi lebih sulit pemadamannya.

Tabung-tabung pemadam portable disiapkan untuk melakukan tindakan awal pemadaman. Dan oleh karenanya banyak digunakan di rumah-rumah – dipasang di dapur atau di garasi mobil – dan bisa disiapkan di toko-toko atau kios-kios tempat berjualan, baik di pasar-pasar maupun di pusat-pusat perbelanjaan.

Tabung pemadam ABC Dry Chemical Powder 2 Kg, biasa disiapkan di rumah untuk pemadaman kebakaran di dapur atau di garasi (Image dari amazon.com)

Label dan informasi penting di tabung portable

Informasi penting yang wajib dicantumkan pada label tabung-tabung pemadam portable :

-Jenis bahan pemadamnya.

-Klas-klas kebakaran yang dapat dipadamkan.

-Instruksi cara penggunaannya.   Pada tabung yang lebih berat dari 3 Kg diharuskan memasang gambar / diagram cara penggunaannya.

-Beberapa peringatan penting untuk mencegah bahaya.

-Nama pabrik yang memproduksi tabung tersebut.

Selain keterangan-keterangan penting yang disebutkan di atas, diharuskan pula melengkapi dengan keterangan lain yang diperlukan :

-Berat tabung dan isinya, dan berat tabung bila kosong.

-Tipe dan kualitas bahan pemadamnya.

-Tipe dan kualitas gas-gas yang diisikan di dalamnya.

-Sertifikat yang berisi keterangan-keterangan : kapan mulai dikeluarkan, batas waktu kedaluwarsa, tanggal / waktu pemeriksaan kembali, dan sebagainya.

-Temperatur di tempat penyimpanannya.

Warna cat tabung pemadam

Semua tabung-tabung pemadam portable di cat dengan warna Merah, kecuali untuk tabung pemadam portable ukuran kecil kurang dari 0,5 liter, dicat dengan warna Chrome.

Prosedur umum pemeriksaan berkala

Peraturan lain yang wajib diketahui adalah prosedur pemeriksaan berkala. Pemeriksaan berkala dilakukan oleh agen dari pabrik pembuat / instalatir pemasangnya, dan juga harus dilakukan oleh para pengguna tabung pemadam tersebut.

Prosedur umum pemeriksaan adalah sebagai berikut :
-Setiap bulan atau setiap triwulan harus dilakukan

pemeriksaan rutin oleh pengguna. Hal-hal yang perlu diperiksa antara lain : apakah penempatan tabung masih baik seperti semula, dan apakah ada bagian-bagian peralatan yang rusak, dan sebagainya.

-Setiap enam bulan sekali pengguna harus melakukan pemeriksaan lebih teliti, misalnya apakah berat tabung dan isinya masih tetap seperti semula atau berkurang. Bila berat tabung dan isinya sudah berkurang lebih dari 10 %, maka harus dikirim ke instalatir untuk pengisian kembali.

-Setiap satu tahun sekali dilakukan pemeriksaan oleh agen/instalatir pemasangnya.

-Setiap 12 tahun sekali semua tabung yang belum terpakai harus dikirim kembali ke pabrik oleh agen/instalatir pemasang, untuk pengetesan lebih teliti dan pengisian ulang.

Prosedur pemeriksaan yang disebutkan di atas adalah prosedur umum yang berlaku secara internasional. Hal-hal yang khusus biasanya akan diberitahukan oleh instalatir pemasang atau pabriknya.

Tabung pemadam Busa

Busa (foam) adalah bahan pemadam yang paling cocok untuk pemadaman kebakaran yang sumber apinya berasal dari minyak. Adapun cara bekerja dari busa, bahan ini setelah disemprotkan dari tabungnya diaralkan di depan atau di belakang nyala api, akan meluber dan menyelimuti permukaan minyak yang terbakar, sehingga menghambat reaksi api dengan oksigen.

Busa dihasilkan dari pencampuran dua macam bahan kimia, yaitu Aluminium Sulfat dengan Natrium (atau

Sodium) Bicarbonat. Di dalam tabung pemadam portabel, ke dua macam bahan itu disimpan dalam tabung yang terpisah, tabung luar dan tabung dalam. Lihat gambar di bawah ini.

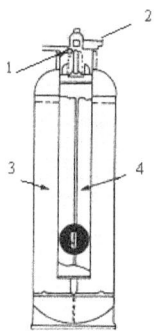

Tabung Pemadam Busa:
1,Tutup tabung.
2,Nozzle.
3.Tabung luar.
4.Tabung dalam.

Percampuran dari ke dua bahan terjadi bila tabung pemadamnya dibalik, sehingga hasil percampuran berupa busa memancar ke luar.

Gambar di atas adalah tabung pemadam busa ukuran 9 liter. Tabung luar disi dengan Natrium Bicarbonat yang telah dilarutkan dalam 7 liter air, sedangkan tabung dalam diisi dengan Aluminium Sulfat yang dilarutkan dalam 2 liter air. Konstruksi tabung sedemikian rupa, sehingga bila tabung itu dibalik, maka ke dua larutan akan bercampur. Hasil dari campuran adalah busa dan gas CO_2, dan gas CO_2 yang dihasilkan itu berfungsi untuk menekan busa keluar melalui nozzlenya. Banyaknya busa yang dihasilkan dari tabung ukuran 9 liter bisa mencapai 100 – 110 liter.

Dengan demikian cara penggunaan tabung pemadam busa di atas sangat mudah :

-Ambil tabung dari tempatnya, dan bawa ke tempat terjadinya kebakaran minyak.

-Sampai di tempat sumber api, balik tabung sehingga bagian tutupnya terletak di bawah.

-Sambil sedikit dikocok, arahkan nozzle di depan atau di belakang pangkal nyala api.

-Gerak-gerakkan tabung sedemikian rupa agar seluruh busa secepatnya dapat menyelimuti permukaan minyak yang terbakar.

Perlu diketahui, bahwa tabung pemadam busa yang dijelaskan di atas termasuk tabung pemadam busa tipe chemical, cara penggunaannya tabung harus dibalik. Ada tabung busa tipe lain yang penggunaan tidak perlu dibalik, namun dengan cara menekan di alat penekan yang disediakan. Tabung pemadam busa yang dilengkapi dengan alat penekan termasuk tabung tipe mechanical.

Tipe Chemical : ke dua bahan kimia yang disimpan di dalam tabung bereaksi karena tabungnya dibalik.

Tipe Mechanical : ke dua bahan kimia bereaksi akibat tekanan gas CO_2 yang disimpan di Cartridge dalam tabung.

Tabung pemadam busa tipe mechanical terlihat berbeda dengan tabung tipe chemical, karena selain dilengkapi dengan alat penekan yang berfungsi untuk membuka Cartridge, tabung ini dilengkapi juga dengan selang dan corong. Lihat gambar di bawah ini.

Tabung Pemadam Busa Mechanical

Tabung pemadam CO2

Tabung pemadam CO2 (Karbon Dioksida) digunakan terutama untuk pemadaman kebakaran klas C / listrik. Tabung pemadam portabel diisi dengan gas CO2 yang berbentuk cair / temperatur rendah.   Bila dipancarkan, cairan CO2 akan mengembang menjadi gas,   dan volumenya dapat mencapai 450 kali volume tabung.

Cairan CO2 di dalam tabung temperaturnya rendah sekali, dan berbahaya apabila cairan itu mengenai tubuh.   Oleh sebab itu pada waktu menggunakan tabung pemadam portabel CO2 harus hati-hati,   jangan sampai mengenai manusia karena dapat menyebabkan luka serius (kriogenik).   Contoh dari tabung pemadam CO2 pada gambar di bawah ini.

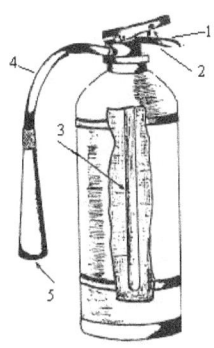

Tabung Pemadam CO2 :
1,Tangkai penekan.
2.Pen Pengaman.
3.Saluran pengeluaran.
4.Slang karet tekanan tinggi.
5.Horn (Corong).

Cara penggunaan tabung pemadam portabel CO2 :

-Angkat tabung dari tempatnya, dan bawa ke tempat terjadinya kebakaran.

-Sampai di tempat, lepas pen pengaman, dan arahkan corong penyemprot ke sumber nyala api kebakaran, dan kemudian tekan alat penekannya.

- Gerakkan corong ke kanan dan ke kiri sedemikian rupa, dengan tujuan agar gas CO2 secepatnya dapat mengurung nyala api kebakaran.

-Setelah api berhasil dipadamkan, hentikan pancaran, kemudian pasang kembali pen pengaman.

-Tabung pemadam dapat disimpan kembali di tempatnya, dan sewaktu-waktu diperlukan dapat digunakan lagi.

Pemadaman dengan tabung pemadam CO2

Tabung pemadam Dry Chemical Powder

Tabung pemadam Serbuk Kimia Kering (Dry Chemical Powder) adalah pemadam api serba guna, maksudnya dapat digunakan untuk pemadaman api klas A, B, dan C. Paling baik digunakan untuk pemadaman kebakaran yang terjadi di permesinan dan peralatan listrik. Selain memiliki kemampuan pemadaman yang besar, serbuk kimia kering juga berfungsi sebagai isolator listrik Contoh tabung portabel pemadam Serbuk Kimia Kering / Powder dan bagian-bagian sebelah dalamnya, dapat dilihat pada gambar di bawah ini.

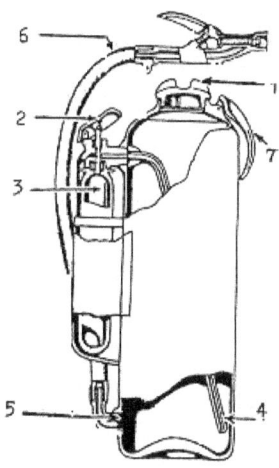

Tabung Pemadam Dry Chemical Powder :
1.Tutup tabung.
2.Keran penghubung dengan pen pengaman.
3.Cartridge
4.Saluran gas pendorong.
5.Saluran serbuk kimia.
6.Slang karet dan nozzle.
7.Pemegang.

Dari gambar di atas, serbuk kimia kering Natrium atau Sodium Bicarbonate diisikan ke dalam tabung. Dan gas CO_2 yang berfungsi sebagai pendorong diisikan ke dalam cartridge, yang dihubungan dengan saluran ke dalam tabung. Saluran gas CO_2 dapat dibuka atau ditutup dengan keran kecil yang mempunyai pen pengaman. Bila pen pengaman dilepas dan kran dibuka, maka gas CO_2 dengan tekanannya yang besar akan mendorong serbuk kimia keluar melalui salurannya. Pancaran dari serbuk kimia masih dapat diatur oleh tangkai penckan di nozzle, diarahkan sedemikian rupa agar serbuk kimia yang terpancar membentuk seperti awan, dan mengurung nyala api kebakaran.

Cara pengunaan tabung pemadam Powder ;

-Angkat tabung dari tempatnya dan bawa ke tempat terjadinya kebakaran.

-Lepas pen pengaman dan buka keran cartridge

-Tekan tangkai penekan nozzle, dan arahkan pancaran serbuk kimia seperti gerakan menyapu, agar terbentuk semacam awan mengurung nyala api kebakaran.

-Pancaran harus dilakukan searah angin.

-Bila api kebakaran sudah berhasil dipadamkan, tutup keran cartridge dan pasang kembali pen pengaman, dan tabung pemadam dapat diletakkan kembali di tempatnya semula.

Tabung pemadam Powder yang dijelaskan di atas termasuk tipe tabung yang cartridgenya terletak di luar tabung. Tabung jenis ini dapat digunakan berkali-kali atau tidak sekali pakai. Tergantung pemakaiannya, bila perlu hanya cartridgenya yang dilepas dan diganti baru. Pada tipe lainnya, cartridge diletakkan di dalam tabung. Untuk tipe ini sekali digunakan isinya harus dihabiskan, atau sekali pakai. Dan tabung dapat diisi kembali dengan powdernya, sekaligus mengganti cartridgenya.

Pemadaman menggunakan tabung Dry Chemical Powder

Sprinkler otomatis

Sprinkler adalah alat pemadam yang menggunakan air sebagai bahan pemadamnya, dengan tujuan untuk mendinginkan ruangan dan memadamkan api kebakaran yang mungkin terjadi di ruangan. Sprinkler dihubungkan melalui pipa ke tangki tempat penyimpanan air, dan cara kerjanya diatur oleh pompa listrik yang dihubungkan ke alat otomat berupa gelas tipis yang terletak di kepala sprinkler. Alat otomat tersebut berfungsi sebagai deteksi panas.

Sprinkler Otomatis

Jika terjadi kebakaran di ruangan yang dipasang sprinkler, maka temperatur ruangan akan naik dengan cepat, dan tekanan udaranya juga naik. Kenaikan temperatur dan tekanan udara akan memecahkan gelas tipis pada alat otomat, sehingga mengaktifkan sistem otomatisasi pompa air, Mesin pompa air bekerja mengalirkan air dari tangki penyimpanan melalui pipa, dan air secara otomatis memancar dari sprinkler untuk memadamkan kebakaran.

Alat pemadam sprinkler otomatis kebanyakan dipasang di gedung-gedung bangunan bertingkat, hotel, pusat-pusat perbelanjaan modern, gudang-gudang, termasuk gudang senjata dan amunisi, dan juga di kapal-kapal laut.

Alat Deteksi Kebakaran

Alat deteksi kebakaran ada tiga macam yaitu : deteksi asap (Smoke Detector), deteksi nyala api (Flame Detector), dan deteksi panas (Heat Detector).

Smoke detector, mendeteksi terjadinya kebakaran dari asap yang ditimbulkannya. Alat ini sangat sensitif terhadap asap, sehingga ketika ada asap yang terdeteksi maka otomatis akan mengaktifkan alarm berupa dering bel dan lampu nyala padam. Mengingat alat ini sangat sensitif terhadap asap, maka adanya asap yang berasal dari rokok bisa mengaktifkan sistem alarm. Oleh karena itu di tempat / ruangan-ruangan yang dipasang smoke detector tidak diperbolehkan merokok.

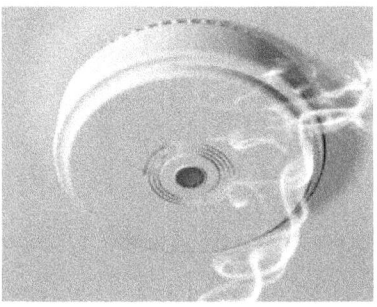

Smoke Detector / Deteksi Asap

Smoke detector dipasang di ruangan-ruangan gudang tempat penyimpanan barang-barang kering, yang patut diduga jika terjadi kebakaran akan menimbulkan asap terlebih dulu, sehingga ketika kebakaran baru mulai langsung dapat diketahui, dan mudah pemadamannya.

Flame detector, dapat mendeteksi terjadinya kebakaran dari adanya cahaya yang berasal dari terjadinya nyala api. Sebagai contoh, ketika kita menyalakan korek api di dekat alat ini, maka akan mengaktifkan sistem alarmnya, baik berupa dering bel atau lampu nyala padam.

Sesuai dengan cara kerjanya, maka flame detector biasanya dipasang di ruangan-ruangan / gudang, di mana patut diduga dari barang-barang yang disimpan di tempat itu bisa terjadi penyalaan api secara tiba-tiba. Misalnya, ruangan / gudang tempat

Flame Detector / Deteksi nyala api

penyimpanan bahan-bahan cair yang mudah terbakar, tempat penyimpanan bahan kimia mudah terbakar, dan sebagainya.

Heat Detector, mendeteksi terjadinya kebakaran dari kenaikan temperatur ruangan. Ketika terjadi kebakaran di suatu ruangan, maka temperatur ruangan naik dengan cepat. Kenaikan temperatur ruangan mencapai 60 – 70 derajat Celcius akan langsung mengaktikan sistem alarm dari heat detector. Alat deteksi panas ada yang bisa diatur sesuai yang diinginkan, misalnya distel pada temperatur 50 – 70 derajat Celcius, dan ada yang pendeteksiannya sudah tetap, biasanya antara 60 – 70 derajat Celcius.

Heat Detector / Deteksi Panas

Sesuai dengan cara kerjanya, alat ini banyak digunakan di gedung-gedung bangunan bertingkat, hotel, perkantoran, maupun pusat-pusat perbelanjaan. Dan biasanya dipasang di ruangan / kamar, gudang tempat penyimpanan barang, atau di tempat-tempat yang kurang dapat diawasi langsung.

BAB 8

BAHAN KIMIA MUDAH TERBAKAR

Bahan kimia mudah terbakar adalah bahan-bahan kimia yang titik nyalanya rendah, sehingga mudah menimbulkan bahaya kebakaran. Bahaya kebakaran timbul disebabkan terjadinya proses-proses antara lain reaksi dengan bahan kimia lainnnya, kenaikan temperature, kenaikan tekanan,. terjadinya gesekan, terkena api, bahkan ada yang terkena air / basah justru terjadi ledakan dan kebakaran.

Bahan kimia mudah terbakar dibagi menjadi tiga golongan :

-**Bahan padat,** antara lain aluminium, magnesium, hafnium, bahan plastic (acetates dan acrylates), ammonium dichromate, hypophosphite, stearate, sulfides, sulfo cyanates, sulfur, dan sebagainya.

-**Bahan cair,** antara lain liquid hydrocarbon, alcohol, asam organik, acetals, acetates, organic chlorides, esters, ethers, hydrosulfides, dan sebagainya.

-**Bahan gas,** antara lain hydrogen, propane, cyclopropane, butane, methane, ethylens, natural gas, dan sebagainya.

Indutri pengguna bahan kimia mudah terbakar

Banyak pabrik atau industri yang menggunakan bahan kimia mudah terbakar, diantaranya :

-**Indutri Plastik** : Acetates, Acrylates, Stearate, Asam

organik, Liquid Hydrocarbon, dan sebagainya.

-Industri obat-obatan : Sodium Hypophosphite, Sodium Thiocyanates, Sulfo Cyanates, Liquid Hydrocarbon, dan sebagainya.

-**Indutri Kimia** : Alcohol, Ethyl Alcohol, Liquid Hydrocarbon, dan bermacam-macam bahan kimia lainnya.

-Industri Karet, Kertas, dan Tekstil : Sulfide, Sodium Sulfide, Sulfo Cyanates, Sodium Thyocianates, Liquid Hydrocarbon, dan sebagainya.

-Industri Sabun : Sulfide, Sodium Sulfide, Hydrogen, Liquid Hydrocarbon, dan lain-lain.

-Industri Kosmetik : Stearate, Liquid Hydrocarbon.

-Industri Fotografi : Ammonium Dichromate, Sulfide, dan Sodium Sulfide.

-Indutri Logam, Pabrik Mobil, Kapal Laut dan Pesawat Udara : Aluminium, Magnesium, Titanium, Liquid Hydrocarbon, Solvent, dan sebagainya.

Serbuk Metal (Metal Powder)

Bahan-bahan metal seperti Aluminium, Magnesium, dan Titanium dalam bentuknya sebagai serbuk metal merupakan bahan yang mudah terbakar. Jika serbuk metal dari bahan-bahan tersebut berhambur di udara bebas membentuk semacam awan, dan kemudian terkena api, maka akan terjadi ledakan hebat.

Kadar bahaya dari serbuk metal tergantung dari beberapa faktor, yaitu jenis metalnya, kemurnian metal, dan ukuran partikelnya. Semakin halus partikel serbuknya, maka bahan tersebut semakin berbahaya.

Serbuk metal yang tergolong paling berbahaya adalah dari bahan Aluminium, Magnesium, dan Zirconium. Dan berturut-turut tergolong berbahaya adalah : Manganese, Zino, Silikon, Carbonyl Iron, Copper, Cadmium, Chromium, Lead, dan Iron.

Bahaya ledakan dari serbuk metal

Serbuk metal Aluminium dan Magnesium tidak hanya berbahaya bila terkena api, tetapi juga sangat berbahaya bila bereaksi dengan air, karena dapat menimbulkan ledakan. Ledakan timbul karena terjadinya reaksi pembebasan Hydrogen (H2) dari Air (H2O),

Reaksi pembebasan Hydrogen :

Serbuk metal (Aluminium/ Magnesium/Hafnium) + H2O = H2 + Ledakan

Bahaya dari serbuk metal tergantung dari wadah / drum-drum tempat penyimpanannya. Bila drum bocor dan kemasukan air, maka akan terjadi reaksi pembebasan Hydrogen. Terjadinya reaksi ini menyebabkan tekanan di dalam drum naik dengan cepat, sehingga drum akan meledak.

Ledakan karena reaksi dengan Halogen

Beberapa jenis bahan pemadam Halogen / Halon dapat menimbulkan ledakan bila terkena solit metal Aluminium dan Magnesium.

-Halon 101 (Methyl Chlorida), bila terkena solit Aluminium akan menghasilkan Aluminium Methyl yang dapat menyala seketika dan meledak.

-Halon 104 (Carbon Tetrachlorida), bila terkena solit Aluminium dapat menimbulkan ledakan.

-Halon 1001 (Methyl Bromide), bila terkena solit Magnesium dapat menimbulkan ledakan.

Oleh sebab itu pada industri-industri yang menggunakan bahan solit Aluminium dan Magnesium dilarang menggunakan bahan pemadam Halon tersebut di atas. Dan perlu diketahui, bahwa sekarang ini bahan pemadam Halon sudah dibatasi penggunaannya, karena ternyata pemakaian gas Halon menimbulkan dampak terhadap terjadinya efek rumah kaca / global warming.

Bahaya pada kebakaran plastik

Bahan-bahan yang digunakan untuk membuat plastic termasuk bahan-bahan organic, dan pada umumnya bahan organic termauk bahan mudah terbakar.

Di samping itu, pada industry-industri plastik juga digunakan bahan-bahan campuran, mialnya platicicere yang berguna untuk menambah kekuatan dan daya clatisnya. Bahan campuran tersebut semakin membentuk plastic menjadi lebih mudah terbakar.

Perlu diwaspadai bila terjadi kebakaran di industry plastik, karena kebakaran tersebut akan
menghasilkan daya panas yang tinggi, daya panas tersebut menyebar ke semua arah, dan nyala api berkobar besar

disertai asap tebal, serta menghailkan gas-gas beracun yang berbahaya bagi manusia.

Oleh sebab itu upaya pemadamannya harus ekstra hati-hati, dan bagi para petugas pemadam kebakaran diwajibkan memakai alat-alat keselamatan diri lengkap, termasuk baju tahan api, masker, dan alat-alat pernafasan (breathing apparatus).

Pangamanan bahan kimia mudah terbakar

Pengamanan bahan-bahan kimia mudah terbakar merupakan permasalahan cukup kompleks, karena semua aktifitas yang berhubungan dengan bahan-bahan tersebut mengandung resiko yang besar, dan tidak boleh lalai atau lengah. Permasalahan pengamanan bahan kimia mudah terbakar meliputi segala aktifitas di bawah ini :

-Penggunaannya (Using).

-Pemrosesan (Processing).

-Produksi (Production).

-Penyimpanan (Storage).

-Pengangkutan (Transportation).

Kemasan dan labeling

Untuk mencegah terjadinya bahaya, kemasan dan penanganan dalam pengangkutan, bongkar-muat, serta penumpukan harus dilakukan ekstra hati-hati dan seaman mungkin. Sebab kelalaian sedikit saja dapat mengakibatkan hal-hal yang fatal. Oleh sebab itu mulai dari penempatannya ke dalam wadah (kemasan) dan pemberian tanda-tanda (labeling) sudah diatur berdasarkan kesepakatan yang berlaku secara internasional, dan secara umum mempersyaratkan hal-hal sebagai berikut :

-Wadah harus baik dan kuat, dibuat dari bahan yang tidak mudah bocor atau berkarat.

-Lapisan sebelah dalam dari wadah dibuat dari bahan yang tidak menimbulkan reaksi yang membahayakan.

-Wadah harus kuat dan tahan bantingan, sebab resiko dalam pengangkutan misalnya terkena goncangan, terguling, atau jatuh, adalah sesuatu hal yang kadang-kadang sulit dihindarkan.

-Drum-drum dan tangki penyimpan harus memenuhi syarat-syarat keamanan yang diperlukan, termasuk bahan dan konstruksinya, ketersediaan bahan-bahan penyerap, ketersediaan bantalan-bantalan, dan telah memenuhi syarat berdasarkan hasil uji / test sesuai aturan yang berlaku untuk masing-masing jenis bahannya.

-Tiap-tiap wadah baik berupa drum atau tangki yang berisi bahan-bahan berbahaya harus diberi label yang berisi tanda-tanda barang berbahaya dan peringatan penting tentang bahayanya. Tentang labeling sudah ada standarisasi yang berlaku secara internasional, dan merupakan kewajiban dari pabrik produsennya untuk mematuhi aturan yang telah ditetapkan. Dan menjadi kewajiban pula bagi para pengguna untuk menangani barang tersebut sesuai standar keamanan yang diperlukan.

Pengamanan bahan kimia cair dan gas

Bahan kimia cair dan gas sesuai yang disebutkan di awal bab ini, adalah bahan-bahan yang memiliki titik nyala rendah, sehingga mudah terbakar bila terkena api. Bahaya dari bahan-bahan kimia tersebut terutama apabila terjadi kebocoran di wadah / drum-drum tempat menyimpanannya.

Oleh sebab itu di gudang-gudang tempat penyimpanannya harus dijaga dan selalu dikontrol, dengan petugas yang sudah terlatih baik menangani bahan-bahan berbahaya, Larangan untuk tidak merokok di sekitar tempat tersebut harus benar-benar ditegakkan, dan harus diyakinkan di gudang-gudang tempat penyimpanannya benar-benar aman, termasuk bebas dari kondisi berbahaya dari adanya kabel-kabel listrik maupun peralatan lain yang diduga bisa menimbulkan koorsleting dan terbakar.

Selain pengamanan di tempat-tempat penyimpanannya, bahan-bahan kimia cair dan gas yang mudah terbakar memerlukan penanganan khusus pada saat pengangkutannya, dan juga bila bahan-bahan tersebut dialirkan melalui pipa-pipa.

BAB 9

PENUTUP

Keselamatan dan Kesehatan Kerja atau disingkat Katiga, dan Pencegahan Bahaya Kebakaran merupakan dua permasalahan yang tidak terpisahkan. Bicara tentang Katiga akan selalu dihadapkan dengan persoalan-persoalan sekitar upaya untuk mencegah, mengurangi, atau meniadakan resiko-resiko terjadinya kecelakaan kerja, yang di dalamnya termasuk upaya-upaya pencegahan bahaya kebakaran. Sebaliknya bicara tentang pencegahan bahaya kebakaran, juga berarti bicara tentang Katiga.

Dua permasalahan tersebut dirangkum dalam buku kecil ini, mencoba mengetengahkan teori tentang keselamatan dan kesehatan kerja, dan teori-teori tentang pemadaman kebakaran, sekaligus cara-cara praktis aplikasinya di lapangan.

Tidak dapat dipungkiri bahwa dengan semakin majunya teknologi yang dikuasai oleh manusia, maka resiko bahayanya juga semakin meningkat, sehingga permasalahan sekitar Katiga dan Pencegahan Bahaya Kebakaran juga semakin berkembang, dan memerlukan pemikiran-pemikiran baru dalam upaya pemecahannya. Satu hal yang sangat menentukan ialah upaya membangun kesadaran masyarakat terhadap Keselamatan dan Kesehatan Kerja, karena tanpa adanya peningkatan kesadaran mayarakat, maka upaya-upaya Katiga akan sulit mencapai sasaran sesuai yang diharapkan.

Semoga dengan terbitnya buku ini bisa menambah dan melengkapi buku-buku referensi di bidang Katiga, dan dapat memberi motivasi dalam upaya meningkatkan kesadaran masyarakat, dan khususnya para pekerja di perusahaan-perusahaan atau industri, demi untuk meningkatkan produkvitas kerja.

DAFTAR PUSTAKA

1.Polytech International, Ships Fire Fighting Manual (England, 1980)'

2.U.S Coast Guard: Fire Fighting for Tank Vessels (Department of Transportation, Washington, 1974).

3.National Fire Protection Association, Fire Fighting Foams and Foam Systems (Washington, 1972).

4.Lloyd Layman, Fire Fighting Tactics (Washington, 1953).

5.Bataillon Pompier, Marins Nationale de France, Manual (Port Autonome de Marseille, 1981)

LAMPIRAN

KUTIPAN PASAL-PASAL DARI UNDANG-UNDANG NOMOR 1 TAHUN 1970 TENTANG KESELAMATAN KERJA

BAB I : TENTANG ISTILAH-ISTILAH

Pasal 1 : Dalam undang-undang ini yang dimaksud dengan :

1.Tempat Kerja, ialah tiap ruangan atau lapangan, tertutup atau terbuka, bergerak atau tetap, di mana tenaga kerja bekerja atau sering dimasuki tenaga kerja untuk keperluan suatu usaha, dan di mana terdapat sumber atau sumber-sumber sebagaimana diperinci dalam pasal 2, termasuk semua ruangan, lapangan, halaman dan sekelilingnya yang merupakan bagian-bagian atau yang berhubungan dengan tempat kerja tersebut.

2.Pengurus, ialah orang yang mempunyai tugas memimpin langsung suatu tempat kerja atau bagiannya yang berdiri sendiri.

3.Pengusaha, ialah :

a.Orang atau badan hukum yang menjalankan sesuatu usaha milik sendiri dan untuk itu mempergunakan tempat kerja.

b.Orang atau badan hukum yang berdiri sendiri menjalankan sesuatu usaha bukan miliknya dan untuk keperluan itu mempergunakan tempat kerja.

c.Orang atau badan hukum, yang di Indonesia mewakili

orang atau badan hukum termaksud pada a dan b, jikalau yang diwakili berkedudukan di luar Indonesia.

4.Direktur, ialah pejabat yang ditunjuk oleh Menteri Tenaga Kerja untuk melaksanakan undang-undang ini.

5.Pegawai Pengawas, ialah pegawai teknis berkeahlian khusus dari Departemen Tenaga Kerja yang ditunjuk oleh Menteri Tenaga.

6.Ahli keselamatan kerja, ialah tenaga teknis berkeahlian khusus dari luar Departemen Tenaga Kerja yang ditunjuk oleh Menteri Tenaga Kerja untuk mengawasi ditaatinya undang-undang ini.

BAB 2 : RUANG LINGKUP

Pasal 2

1.Yang diatur oleh undang-undang ini adalah keselamatan kerja dalam segala tempat kerja, baik di darat, di dalam tanah, di permukaan air, di dalam air maupun di udara, yang berada di dalam wilayah kekuasaan hukum Republik Indonesia.

2. (Perincian tempat kerja).

BAB 3 : SYARAT-SYARAT KESELAMATAN KERJA

Pasal 3

1.Dengan perundang-undangan ditetapkan syarat-syarat keselamatan kerja untuk :

a.mencegah dan mengurangi kecelakaan.

b.mencegah, mengurangi, dan memadamkan kebakaran.

c.mencegah dan mengurangi bahaya peledakan.

d.memberi kesempatan atau jalan penyelamatan diri pada waktu kebakaran atau kejadian-kejadian lain yang berbahaya.

e.memberi pertolongan pada kecelakaan.

f.memberi alat-alat perlindungan diri pada para pekerja.

g.mencegah dan mengendalikan timbul atau menyebarluasnya suhu, kelembaban, debu, kotoran, asap, uap, gas hembusan angin, cuaca, sinar atau radiasi, suara dan getaran.

h.mencegah dan mengendalikan timbulnya penyakit akibat kerja baik fisik maupun psikis, peracunan, infeksi dan penularan.

i.memperoleh penerangan yang cukup dan sesuai.

j.menyelenggarakan suhu dan lembab udara yang baik.

k.menyelenggarakan penyegaran udara yang cukup.

l.memelihara kebersihan, kesehatan, dan ketertiban.

m.memperoleh keserasian antara tenaga kerja, alat kerja, lingkungan, cara dan proses kerjanya.

n.mengamankan dan memperlancar pengangkutan orang, binatang, tanaman atau barang.

o.mengamankan dan memelihara segala jenis bangunan.

p.mengamankan dan memperlancar pekerjaan bongkar muat, perlakuan dan penyimpanan barang.

q.mencegah terkena aliran listrik yang berbahaya.

r.menyesuaikan dan menyempurnakan pengamanan pada pekerjaan yang bahaya kecelakaannya menjadi bertambah tinggi.

Pasal 4

(Syarat-syarat keselamatan ditetapkan dengan peraturan perundangan).

BAB 4 : PENGAWASAN

Pasal 5

1.Direktur melakukan pelaksanaan umum terhadap undang-undang ini, sedangkan para pegawai pengawas dan ahli keselamatan kerja ditugaskan menjalankan pengawasan langsung terhadap ditaatinya undang-undang ini dan membantu pelaksanaannya.

2.Wewenang dan kewajiban direktur, pegawai pengawas dan ahli keselamatan kerja dalam melaksanakan undang-undang ini diatur peraturan perundangan.

Pasal 6

Pasal 7

Pasal 8

1.Pengurus diwajibkan memeriksakan kesehatan badan, kondisi mental dan kemampuan fisik dari tenaga kerja yang akan diterimanya maupun akan dipindahkan sesuai dengan sifat-sifat pekerjaan yang diberikan kepadanya.

2.Pengurus diwajibkan memeriksakan semua tenaga kerja yang berada di bawah pimpinannya, secara berkala pada dokter yang ditunjuk oleh Pengawas dan dibenarkan oleh Direktur.

BAB 5 : PEMBINAAN

Pasal 9

1.Pengurus diwajibkan menunjukkan dan menjelaskan pada tiap tenaga baru tentang :

a.kondisi-kondisi dan bahaya-bahaya serta yang dapat timbul dalam tempat kerjanya.

b.semua pengamanan dan alat-alat perlindungan yang diharuskan dalam tempat kerjanya.

c.alat-alat perlindungan diri bagi tenaga kerja yang bersangkutan.

d.cara-cara dan sikap yang aman dalam melaksanakan pekerjaannya.

2.Pengurus hanya dapat memperkerjakan tenaga kerja yang bersangkutan setelah ia yakin bahwa tenaga kerja tersebut telah memahami syarat-syarat tersebut di atas.

3.Pengurus diwajibkan menyelenggarakan pembinaan bagi semua tenaga kerja yang berada di bawah pimpinannya, dalam pencegahan kecelakaan dan pemberantasan kebakaran serta peningkatan keselamatan dan kesehatan kerja, pula dalam pemberian pertolongan pertama pada kecelakaan.

4.Pengurus diwajibkan memenuhi dan mentaati semua syarat-syarat dan ketentuan yang berlaku bagi usaha dan tempat kerja yang dijalankannya.

BAB 6 : PANITIA PEMBINA KESELAMATAN DAN KESEHATAN KERJA

Pasal 10

1.Menteri Tenaga Kerja berwenang membentuk Panitia Pembina Keselamatan Kesehatan Kerja (P2K3) guna memperkembangkan kerjasama, saling pengertian dan partisipasi efektif dari pengusaha atau pengurus dan tenaga kerja dalam tempat-tempat kerja untuk melaksanakan tugas dan kewajiban di bidang keselamatan dan kesehatan kerja dalam rangka melancarkan usaha berproduksi.

2.Susunan Panitia Pembina Keselamatan dan Kesehatan Kerja, tugas, dan lain-lainnya ditetapkan oleh Menteri Tenaga Kerja.

BAB 7 : KECELAKAAN

Pasal 11

1.Pengurus diwajibkan melaporkan tiap kecelakaan yang terjadi dalam tempat kerja yang dipimpinnya, pada pejabat yang ditunjuk oleh Menteri Tenaga Kerja.

2.Tata cara pelaporan dan pemeriksaan kecelakaan oleh pegawai termaksud dalam ayat 1 diatur dengan peraturan perundangan.

BAB 8 : KEWAJIBAN DAN HAK TENAGA KERJA

Pasal 12

Dengan peraturan perundangan diatur kewajiban dan atau hak tenaga kerja untuk :

a.memberikan keterangan yang benar bila diminta oleh pegawai pengawas dan atau ahli keselamatan kerja.

b.memakai alat-alat perlindungan diri yang diwajibkan.

c.memenuhi dan mentaati semua syarat-syarat keselamatan dan kesehatan kerja yang diwajibkan.

d.meminta kepada pengurus agar dilaksanakan semua syarat keselamatan dan kesehatan kerja yang diwajibkan.

e.menyatakan keberatan kerja pada pekerjaan di mana syarat keselamatan dan kesehatan kerja serta alat-alat perlindungan diri yang diwajibkan diragukan olehnya, kecuali dalam hal khusus ditentukan lain oleh pegawai pengawas dalam batas-batas yang masih dapat dipertanggungjawabkan.

BAB 9 : KEWAJIBAN BILA MEMASUKI TEMPAT KERJA

Pasal 13

Barang siapa akan memasuki sesuatu tempat kerja, diwajibkan mentaati semua petunjuk keselamatan kerja dan memakai alat-alat perlindungan diri yang diwajibkan.

BAB 10 : KEWAJIBAN PENGURUS

Pasal 14

Pengurus diwajibkan :

a.Secara tertulis menempatkan dalam tempat kerja yang dipimpinnya semua syarat keselamatan kerja yang diwajibkan, sehelai undang-undang ini dan semua peraturan pelaksanaannya yang berlaku bagi tempat kerja yang bersangkutan, pada tempat-tempat yang mudah dilihat dan terbaca dan menurut petunjuk pegawai pengawas atau ahli keselamatan kerja.

b.Memasang dalam tempat kerja yang dipimpinnya, semua gambar keselamatan kerja yang diwajibkan dan semua bahan pembinaan lainnya, pada tempat-tempat yang mudah dilihat dan terbaca menurut petunjuk pegawai pengawas atau ahli keselamatan kerja.

c.Menyediakan dengan cuma-cuma, semua alat-alat perlindungan diri yangdiwajibkan pada tenaga kerja yang berada di bawah pimpinannya dan menyediakan bagi setiap orang lain yang memasuki tempat kerja tersebut, disertai dengan petunjuk pegawai pengawas atau ahli keselamatan kerja.

BAB 11 : KETENTUAN-KETENTUAN PENUTUP

Pasal 15

1.Pelaksanaan ketentuan tersebut pada pasal-pasal di atas diatur lebih lanjut dengan peraturan perundangan.

2.Peraturan perundangan tersebut pada ayat 1 dapat memberikan ancaman pidana atas pelanggaran peraturannya dengan hukuman kurungan selama-lamanya 3 (tiga) bulan atau denda setinggi-tingginya Rp.100.000,- (Seratus ribu rupiah).

3.Tindak pidana tersebut adalah pelanggaran.

Pasal 16

Pasal 17

Pasal 18

Undang-undang ini disebut UNDANG-UNDANG KESELAMATAN KERJA dan mulai berlaku pada hari diundangkan. Agar supaya setiap orang dapat mengetahuinya, memerintahkan perundang-undangan ini dengan penempatan dalam Lembaran Negara Republik Indonesia.

Disahkan di   :   Jakarta.

Pada tanggal :   12 Januari 1970

TENTANG PENULIS

Nama : Gatot Soedarto, mantan Kepala Armada Pusat KPLP (The Fleet of the Indonesia Sea and Coast Guard) – Ditjen Hubla, dan mantan dosen di Sesko TNI Bandung, Seskoal – Cipulir, Jakarta, dan di Akademi TNI Angkatan Laut Surabaya.

Pada tahun 1983 – 1986 penulis aktif bekerja sama dengan Depnaker R.I sebagai pembicara dalam Seminar-seminar maupun Loka Karya tentang Katiga di Jakarta.

Buku-buku karangan penulis antara lain : Pencegahan dan Penanggulangan Bahaya Kebakaran (Penerbit Grafindo Utama – Kerjasama dengan Yayasan K3/Depnaker R.I, Jakarta 1983), Mencegah Kerusakan Lingkungan dari Bahaya Kebakaran (Pemenang II Lomba Buku Nasional BPPBN/LIPI Tahun 1985 – Penerbit Intermasa, Jakarta 1985)